Gennady Kriveckov

THE UNIFIED THEORY OF THE UNIVERSE

Book 1

ELEMENTARY STRUCTURE OF NAVI

Second edition, revised

2017

© 2017 – author Gennady Kriveckov

Номер ISBN-13: 978-1979301169

Номер ISBN-10: 1979301166

All rights reserved. No part of this publication can be reproduced or transmitted in any form either somehow electronic or mechanically, including photocopying, record or any system of storage and extraction of the information without the written permission from the owner of copyrights and the publisher.

About the permission to production of copies of any part of this work it is necessary to make inquiry to the author by e-mail: *genivan@mail.ru*

The original layout belong to the author G.I. Kriveckov.
Cover: G.I. Kriveckov
The text retains author's spelling and punctuation.

Author Gennady Kriveckov has the degree of Doctor of Sciences (honoris causa) from the International Academy of natural history, global evolutionary researches. Author's site: *www.kriveckov.com*

About the book: attempts to create a unified theory of the universe so far have been unsuccessful. Such a link, which would connect the living and non-living with each other, is absent in our science. Without it, its creation is doomed to failure. The book gives a study of the universe, which led to the discovery of such a link. It turned out to be the "elementary structure of Navi". No one has yet considered the Structure as a separate element for research. It, really, has appeared self-sufficient, self-improving, self-conscious and eternally existing. Its structural comparison with the hydrogen atom made it possible to clarify its internal structure. The description of its structural comparison with the solar system allowed us to discover that the Earth is not its planet. Through the structure of the Nave, we can model systems of any structural complexity. The elementary structure of Navi really allows you to combine through the internal structures of the worlds, but she is not able to connect these worlds among themselves. Her discovery, truly, is the main part of the Unified Theory of the Universe.

Геннадий Кривецков

ЕДИНАЯ ТЕОРИЯ МИРОЗДАНИЯ

Книга 1

ЭЛЕМЕНТАРНАЯ СТРУКТУРА НАВИ

Второе издание, переработанное

2017

© 2017 – автор Геннадий Кривецков

Все права защищены. Никакая часть этой публикации не может быть воспроизведена или передана в какой-либо форме или каким-либо образом электронным или механическим способом, включая фотокопирование, запись или любую систему хранения и извлечения информации без письменного разрешения со стороны владельца авторских прав и издателя.

Запросы о разрешении на изготовление копий любой части этой работы следует направлять по электронной почте: *genivan@mail.ru*

Оригинал-макет: Г. Кривецков
Обложка: Г. Кривецков
В тексте сохранены авторские орфография и пунктуация.

Автор Геннадий Кривецков имеет степень Почётного Доктора Наук Российской Академии Естествознания, глобальные эволюционные исследования. Сайт автора: *www.kriveckov.com*

О книге: попытки создания Единой теории мироздания до сих пор не увенчались успехом. Связующее звено, которое бы соединило между собой всё живое и неживое, всё ещё не найдено. Без него её создание обречено на провал. В книге приведено исследование мироздания, которое привело к открытию такого связующего звена. Им оказалась «элементарная структура Нави». Ещё никто не рассматривал Структуру как отдельный для исследования элемент науки. Она, действительно, оказалась самодостаточной, самосовершенствующейся, самосознательной и вечно существующей. Структурное сравнение её с атомом водорода, позволило нам более полно понять его внутреннее строение. Описание её структурного сопоставления с солнечной системой позволило нам открыть то, что Земля не является её планетой. Через структуру Нави мы можем моделировать системы любой структурной сложности.
Элементарная структура Нави действительно позволяет объединить через себя внутренние структуры миров, но она не способна соединить эти миры между собой. Её открытие, поистине, составляет основную часть Единой теории мироздания.

Оглавление

ПРЕДИСЛОВИЕ 7
ЧАСТЬ 1. ЗАКОНОМЕРНОСТИ МИРОЗДАНИЯ ВСЕЛЕННОЙ 13
  Глава I. Наше известное настоящее 13
    Три мира 13
    «Золотая середина» 15
    Уровни планетарной вселенной. 19
    Но где же здесь жизнь? 22
  Глава II. Возвращение Эйнштейна 26
    Формулы Пространства и Времени 26
    Потусторонний смысл формулы Эйнштейна 31
    Жизнь и «жизнь после смерти» 36
    Зазеркалье Материи 41
    Круговороты жизнь и смерти 42
  Глава III. Взаимодействие между Пространством и Временем 46
    Частицы Пространства 46
    Вращение частицы Материи 49
    Земля не является планетой солнечной системы ... 55
    Почему светит наше Солнце? 62
    Атом пространства и атом времени 69
    Ядерные реакции, подтверждающие наши предположения 75
  Глава IV. Планетарные уровни вселенной 80
    Пространственно-временная «пирамида» 80
    «Цепи» вселенной 87
    Уровни квантования планетарных систем 91
ЧАСТЬ 2. «ЭЛЕМЕНТАРНЫЙ КИРПИЧИК» МАТЕРИИ 97
  Глава I. Планетарная система Солнце-Земля 101
    Упрощённая модель солнечной системы 102
    «Фантомы» планетарных систем 106
    Модель, подобная атому водорода 109
  Глава II. Свет, который создаёт планетарные системы 112
    Игра Света в Материи 113
    Четыре состояния 116
    Квант света, вращающий электроны 120
  Глава III. Горизонтальная модель «пяти колец» ... 123

Элементарная структура «Нави» *123*
Принципы соединения квантов *128*
Жизненный круг ЭСН *131*
Центральный квант света *135*
Можем предполагать будущее *140*
Закон ограниченных бесконечностей и нулей *142*
Глава IV. Круговороты квантов внутри ЭСН 148
Эволюция и инволюция квантов ЭСН *148*
Живая структура *154*
Вращение между рождением и смертью *157*
Работа малого кванта в ЭСН *162*
Переход малого кванта в планетарное тело *165*
Это вызывает удивление *172*
Отрицательные сектора ЭСН *177*
Единение малых квантов ЭСН *180*

ЧАСТЬ 3. МОДЕЛИРОВАНИЕ СЛОЖНЫХ ПЛАНЕТАРНЫХ СИСТЕМ 185
Глава I. Полная структура взаимодействий 187
Что позволяет Солнцу светить? *189*
Как умирает планетарная система? *192*
Свёртывание пространственной системы *196*
«Чёрная дыра» смерти *201*
Глава II. Модель ЭСН пространственно-временного взаимодействия 206
Малое взаимодействие *209*
Большое взаимодействие *214*
Глава III. Моделирование сложных планетарных систем 218
Орбитальная прогрессия *219*
Откуда возникают орбитальные параметры? *222*
Новый круговорот «пяти» колец *228*
Единая модель *236*
ЛИТЕРАТУРА: 240

Предисловие

> «*Если ты желаешь прогресса человечеству, сокрушай любую предвзятость. И тогда мысль, поверженная тобой, пробудится, и исполниться творческой силы. В противном же случае, её уделом будет лишь механическое повторение, ошибочно принимаемое ею за подлинную свою активность*». (1)
>
> Шри Ауробиндо.

В своей богатой истории человеческая цивилизация прошла длительный и продолжительный промежуток времени в эволюции. И всё это время она постоянно пытается получить знания о себе и о своём мире. Проходили разные исторические эпохи в попытках получения тайного знания о мироздании вселенной, но все они до сих пор не привели нас к познанию истины нашего существования. Мы, то достигали серьёзных знаний в изучении Материи, то наши духовные мистерии поднимались уже на свою невиданную высоту в изучении Духа, то, снова – знания о Материи, и снова – о Духе и т.д.

Эта цикличность в получении знаний привела нас к сегодняшнему состоянию разума человечества. Но даже своим современным разумом человечество не может сегодня утверждать, что знает, как устроены видимые и невидимые миры вселенной, которые окружают нас? Как устроен наш разум, который нам не виден? Что такое человеческая душа? Существует ещё много подобных вопросов, на которые мы не знаем ответов.

Наука в двадцать первом веке уже познаёт глубины материальных нано истин, но она до сих пор не может упаковать в свои эмпирические формулы простые атомы. Пока эти формулы точны только для атома водорода, а для остальных – они так и остались сильно приближенными к истине. Постепенное углубление её знаний принесёт нам ещё

Предисловие

больший технологический прорыв в нашем материальном мире, но что на самом деле дают нам все эти материальные технологии? Налицо, вроде бы, действительное улучшения жизни, но так ли это на самом деле?

Все наши технологии, сделанные на сильно приближенных эмпирических формулах, могут оказаться неуправляемыми человеком, что может привести и уже приводит к техногенным катастрофам. Их примеры мы уже имеем сегодня в нашем мире. Самый яркий из них – это Чернобыльская авария на атомной станции, в которой человеческий фактор сыграл, возможно, первичную роль! А сколько аварий мы имеем на транспорте, который имеет в себе самые передовые технологии в мире? Но это только начало, потому что новые технологии оказываются ещё более катастрофичными по своему скрытому характеру.

Нам нет смысла пугать человечество новыми открытиями и отказываться от них, но если какие-то знания оказываются неполными и непонятыми нами до конца, то это способствует тому, что эта неполнота может вылиться для нас в новые неприятности. Наука через это несовершенство знаний, выявляемых в технологических процессах, конечно, исправляет их, но чем глубже мы погружаемся в их истину, тем опаснее становится этот процесс доработки эмпирических знаний. Вспомните простое испытание в СССР в двадцатом веке водородной бомбы «Кузькиной матери» мощностью 60 Мт, которая вполне могла вызвать цепную ядерную реакцию со всей Землёй, но, тем не менее, мы её испытали, хотя и не знали до конца, чем это испытание закончится! Не самоубийство ли это для цивилизации?

А почему человечество не сможет рискнуть ещё раз с какой-нибудь другой технологией? Наша наука сегодня очень строго стоит на материальных позициях, отбрасывая всё, что она не может зафиксировать своими приборами, но разве в своё время, то падающее яблоко Ньютона не показало наличие потусторонней силы гравитации в нашем мире? Её ведь обычным зрением не увидишь. Мы только ощущаем её косвенное воздействие на наш материальный мир, хотя и закономерное. Конечно, она явно просматривается на опытах с материальными предметами, но разве не может быть таких сил, которые существуют, но в нашем мире просматриваются не так явно и для их проявления необходимо создавать новые, более «тонкие» приборы, чтобы это зафиксировать. Только такой принцип позволил нам прийти к нашим современным технологиям.

Всё это принцип эмпирический и он лежит в основе всех наших научных знаний, но вдруг в каком-нибудь проводимом опыте на его материальные составляющие оказывает влияние какая-нибудь «тонкая» сила, которая нами ещё не изучалась, нам явно невидна и ещё не существует таких приборов, которые бы могли её зафиксировать. Такой опыт всё равно будет описан и будет выведена материальная формула и, как мы понимаем, которая будет содержать в себе скрытые ошибки, не учитывающие влияние этой более тонкой, скрытой силы. Далее это открытие будет внедрено в производство и будет изготовлено нечто, что в скрытом виде будет в себе иметь эту ошибку, которая может проявиться в определённой ситуации. Получается, что мы сами себе запрограммируем катастрофу. Чем глубже наши знания, тем больше вероятность таких скрытых ошибок, что особенно опасно в мощных энергетических технологиях.

Можно и нужно ли останавливать процесс получения материальных знаний, который мы имеем сегодня? Конечно, явно видно, что направление нашей эволюции в процессе получения знаний выражено в сторону исследования большей истины, но только материального характера. От этого процесса нам не уйти, но нам его необходимо изменить или, точнее сказать, расширить, чтобы избежать этих скрытых ошибок.

В чём причина возникновения скрытых ошибок? В том, что современная наука имеет жёсткую однобокую материальную позицию и совершенно не использует в своих знаниях потусторонние силы и оккультные явления более тонкого характера своего проявления, которые имеют свои закономерности и свои законы. Уже сегодня учёными высказываются мнения о сознательности электрона, атома, камня, планеты и т.п. Это уже говорит нам о том, что они имеют свою собственную жизнь, которая даже у человека пока не поддаётся описанию, хотя частично уже выявляются закономерности его психики и на этой основе делаются предположения о её закономерностях. Но, как выявить психику атома, чтобы полностью его познать?

Мы приходим к тому, что любое материальное тело обладает своей собственной жизнью и является сознательным, только у одних эта сознательность динамическая, у других – статическая, а у третьих – смешанная. Что нам делать с этой сознательностью материальных тел в наших эмпирических формулах?

Чаще всего мы соглашаемся с теми ответами, которые описаны формулами или, при определённых условиях, описываются косвенными эмпирическими формулами. Как и чем, какими формулами мы можем описать жизнь человека? Даже жизнь любого простейшего живого организма не поддаётся научным законам, а чем, какими формулами можно описать жизнь Божества, если Оно существует?

Мы сейчас достигли определённых успехов в освоении материальной природы. Учёные научились повторять её, клонировать животных и даже искусственно выращивать внутренние органы человека. Мы уже можем изменять формы живых существ, делать клонов, монстров, мутантов и это пока всё, что касается живых форм. Всё равно, даже жизнь «сделанных» человеком существ описаниям не поддаётся. Значит, для описания «формулами» жизни существ нужно что-то другое. Возможно, мы подошли уже не к материи, а другой какой-то «сверх» материи, которая приведёт нас к «сверх» математике, «сверх» физике, «сверх» химии, «сверх» биологии и …, – знаний совершенно другого порядка, истин потустороннего мира со своими тонкоматериальными законами, но всё же законами, которые мы ещё не упаковывали в свои «сверх» формулы.

Может быть, нам стоит серьёзно задуматься о том, что пора бы нам соединить все знания в единое целое, не отбрасывая те явления, которые мы не считаем материальными? Если у нас появятся знания о законах нашей жизни, то у нас появится сила сделать их реальными, т.е. проявить в Материи.

Законы, везде и всюду – одни только законы, но разве может быть у нашей собственной жизни какие-либо законы?

Мы – не то, падающее с дерева яблоко, которое находилось под влиянием закона тяготения. Человек – это материальное существо, способное само устанавливать для себя свои собственные законы, а то и вовсе существовать без всяких законов, но при этом, находящееся под действием и в гармонии с неким более Высоким Законом существования вселенной. Но к этому действию и гармонии нам ещё предстоит прийти в нашей земной эволюции.

Чтобы ускорить такой процесс и получить полные знания о нашем мире, нам необходимо найти все скрытые ошибки в материальных знаниях. Мы уже не говорим, что это будут только знания о Материи, а имеем в виду, что они единые и полные. Обязательно нужно дополнить их знаниями более тонкого порядка, которые позволяют нам полностью понять Истину.

Почему мы до сих пор не имеем Теории единого мироздания, которая должна была бы соединить все наши знания в единое целое. Да, и возможно ли существование такой единой теории, которая бы стала центром всех знаний, от которого бы они отходили, как лучи света от Солнца.

Сегодня наши знания – пока разрозненные, соединённые во множестве теорий и существующие сами по себе. Мы не можем уверенно сказать, что наша наука отыскала тот центр, который бы объединил все современные знания в единое целое. Чтобы его найти, видимо, нужно нечто большее, чем современные знания. С этой целью, нам нужно попытаться, хотя бы, найти то скрытое от нас связующее звено, которое бы стало объединяющим знанием и от которого мы смогли бы оттолкнуться для поиска центральной Истины.

В своём исследовании мы попытаемся найти такое объединяющее связующее звено для современного знания и попытаемся нарисовать полную, почти научную[1], картину мироздания. Это связующее звено может стать таким еденом центром знаний для будущего их объединения. Для этого мы

---

[1] Здесь мы имеем в виду не только материальное знание, но и всё остальное знание, которое имеется на планете.

будем использовать все имеющие на планете знания, в т.ч. духовные, оккультные, мистические.

Мы ничего не будем отбрасывать в своём исследовании, пока не убедимся с несостоятельности обрабатываемых знаний. Духовные, религиозные, оккультные, теософские и другие знания подобного характера – всё же знания. Они все содержат в себе знания в скрытом виде. Их тайный смысл мы и должны будем выявить, а в нём уже отыскать проекцию нематериального знания на наш материальный мир. Она, как раз, и может быть той ошибкой в современном знании, которую мы не можем отыскать эмпирическим путём.

Только таким расширенным способом получения знаний, мы можем прийти к совершенно новой и ещё не ведомой для нас Истины.

Часть 1. Закономерности мироздания вселенной

> *«Кружение вокруг собственной оси – не единственное движение души человеческой. Она совершает вращение и вокруг своего Солнца – неисчерпаемого источника озарения».*
> *(1)*
>
> Шри Ауробиндо.

Глава I. Наше известное настоящее

Итак, единство мироздания до конца ещё не понято нами и нам предстоит новая попытка его познания. Будет ли она более успешной или нам опять не удастся вычислить его до конца – нам остаётся об этом только гадать. Но то, что мы уже сейчас имеем в наших знаниях, позволяет нам с каждым разом получать картину мироздания всё более полной. Задача нами поставлена и нам остаётся только найти её решение: попытаться заново построить полную и единую картину мироздания.

Уже имеются множественные гипотезы, которые пока ещё нельзя принять за истину, но они все имеют изъяны и не дают полной картины мироздания. Мы не будем приводить здесь их анализ, а полностью отбросим их, чтобы не быть захваченными и увлечёнными ими.

Давайте начнём с чистого листа свой поиск «Единой теории мироздания» и её новое описание.

Три мира

Начнём исследование с тех, имеющихся о нашем мире, знаний, которые нам хорошо известны. Давайте рассмотрим следующие его явные состояния, которые не поддаются сомнению. Итак, мы имеем:

1. атомный мир, из которого сделана наша материя;
2. мир живых существ на нашей планете Земля, находящийся на её поверхности, созданный из атомной материи;
3. видимый нам планетарный мир вселенной, в котором находится солнечная система.

Это очевидные глобальные реальности нашего материального видения, которое конкретно выражено и обсуждению не подлежит. Они явным образом «лежат» на поверхности наших знаний.

Нами относительно хорошо изучен атомный мир. Учёные его уже весь упаковали и до сих пор упаковывают в свои научные формулы. Этот мир является фундаментом для построения любого материального тела на планете Земля, самой планеты, солнечной системы и всей вселенной. Природа при помощи атомного мира проводит с нами эксперименты по созданию физических тел и форм. Их эволюция продолжается до сих пор.

Хорошо описано и сформулировано материальное существование живых существ, и очень прекрасно описано их внутреннее материальное строение. Но где в нашем мире вы найдёте полные описание структуры нашего разума, структуры ума? До сих пор, кроме духовных исследователей, таких попыток ещё никто не делал. Наш разум имеет категорию потустороннего свойства и явно в нашем мире не просматривается. Учёные пытаются через материальную структуру нашего мозга понять и описать обычный человеческий разум с материальных позиций. Мозг человека сегодня изучают послойно и, конечно, уже есть определённые достижения. Только этих знаний ещё недостаточно чтобы понять, как функционирует наш разум и даже элементарный разум любого простейшего организма.

Астрономы с такими же серьёзными успехами изучают планетарный мир вселенной и нашу солнечную систему. Мы отправляем сегодня космические аппараты для изучения планет солнечной системы. Эти знания о них постоянно растут в своём качестве. Выявляются новые физические закономерности в их влияние на нашу планету. Только и они не позволяют нам до сих пор понять на каких законах строится жизнь планеты Земля, когда и что нам следует от неё ожидать? Она никак не хочет нам открывать тайны своего существования в солнечной системе и своего влияния на нас. Мы пока только предполагаем её внутреннее строение.

Эти три «мира» (атомный, человеческий[2], вселенский) мы никак не можем совместить вместе, считая их несвязанными друг с другом. Хотя очень чётко понимаем, что атомный мир является основой строения вселенной, но наш разумный человеческий мир, как бы, выпадает из этой связки и оказывается лишним, но так ли это на самом деле?

У нас возникли, как бы, две разнополярные составляющие в нашем мироздании:
- Материальная составляющая – атомный и вселенский миры;
- Разумная составляющая – мир разумных существ планеты Земля.

Эти два мира, материальный и, назовём его, тонкоматериальный, мы пока никак не связываем между собой, а только догадываемся о том, что они как-то влияют друг на друга. В последнее время даже учёные начинают говорить о влияние Высшего Разума на наши физические процессы. Они стали так явно сталкиваться с неизвестным влиянием на физическую материю, что заговорили о ещё каких-то потусторонних силах, влияющих на материальные свойства и действия.

Давайте попробуем объединить эти понятия и определить их влияние на наш материальный мир и жизнь.

«Золотая середина»

Нам известно, что в нашем материальном мире существуют планетарные материальные системы:
- атомная система, очень похожая на планетарную систему, хотя учёные от такого тождества до сих пор отказываются;
- солнечная планетарная система, в составе которой находится планета Земля.

---

[2] Назовём его пока так, потому что он находиться где-то, в размерах пространства, между атомным и вселенским мирами.

Галактические и метагалактические системы мы пока оставим в покое.

Мир живых существ явно не вписывается в эти два мира. Если внимательно присмотреться к ним, то получается очень занимательная картина: живой мир стоит, как бы, между ними как некое связующее звено. Мы сделаны из атомов, а живём на планете солнечной планетарной системы. Мы изучаем атомы и планеты. Выходит, что мир живых существ является связующей серединой между двумя этими мирами, соединяющий их между собой. Даже наши материальные и пространственные размеры живых существ, в т.ч. человека, находятся где-то в этой середине.

Действительно, миры атомный и планетарный – тождественны и чем-то подобны по своему строению, но между ними существует огромный временной и пространственный разрыв, что и толкает нас на определённые размышления. Мир живых существ оказывается, как бы, между ними, но наш живой мир совершенно другого типа и свойства и с другими временными и пространственными параметрами, стоящими, опять, где-то в середине между атомным и планетарным мирами.

Мы уже несколько раз упоминаем о середине и, возможно, это уже становиться некоторой закономерностью. Атомы – слишком быстры, а планеты солнечной системы застыли в ожидании и слишком медлительны. А вот жизнь человека по временным характеристикам снова получается где-то в этой «золотой середине».

«Золотая середина», похоже, наталкивает нас на мысль о том, что нам пора переходить к нашим духовным знаниям, которые более полно описывают жизнь человека в плане его сознания, чем это делает наша наука. Чтобы понять наше истинное назначение в этом мире, нам необходимо теперь оставить материю в покое и перейти к некоторым духовным знаниям Земли, которые получило человечество за время своей эволюции. Нам необходимо попробовать оттуда почерпнуть интересующие нас сведения. В частности, индийские философы (йоги) утверждают, что:

- «душа каждого человека вращается вокруг своего Солнца». Таким образом, система человеческой души, возможно, имеет планетарной строение;
- душа человека имеет определённые размеры и её диаметр приблизительно равен одной фаланге большого пальца, или чуть больше, т.е. определяется сантиметрами;
- известно также местонахождение души в нашем теле: это место находится за материальным сердцем, но мы её не видим и без специальных духовных практик даже не можем ощутить. Она не видна нам из-за того, что она нематериальная и к тому же находится, возможно, в другом измерении. Тем не менее, она очень сильно влияет на нашу жизнь, если не управляет ею.

Это другое измерение недоступно нашему материальному пониманию и пространственному разуму. Всё понимание процессов вселенской эволюции остановилось, «наткнувшись» на это другое измерение. Оно пока недоступно нам и невидимо для нас. Поэтому далее нам в наших размышлениях придётся только предполагать и сопоставлять полученные результаты с нашей материальной действительностью. Почему мы так резко перешли вдруг от планетарных систем к нашему разуму и духовным знаниям о нём?

Возникает предположение о том, что наш разум как человека, так и любого другого существа нашей планеты, возможно, является тем недостающим связующим звеном, которого нам не хватает для создания полноты картины мироздания. Мы хорошо изучили атомы и даже составили уравнение квантовой механики, описывающее эти процессы. Также известно, что существуют другие частицы, которые намного меньше атомов и электронов: кварки, адроны, нейтрино и т.п. – это элементарные частицы, которые уже стали реальностью нашей науки. Можно перечислять и далее, т.к. известны и многие другие частицы, но цель, которая стоит перед нами другая: попытаться понять основы жизни человека, а для этого надо «увидеть» другой мир, мир других частиц и планет. Только вот таких приборов у нас пока нет, кроме нашего разума.

Хочется остановиться ещё на одном типе элементарных частиц, которые также могут помочь нам в нашем мироздании – это античастицы. Их можно обнаружить только путём аннигиляции, т.е. тогда, когда соединяют две частицы – материальную частицу и античастицу, невидимую нам, например, электрон и позитрон. В этом случае выделяется световая энергия, т.к. происходит их взаимная компенсация с выделением квантов света. Эта энергия является световой. Компенсация частиц и античастиц образует кванты света. По появлению этих квантов света и обнаруживается наличие античастицы.

Свет – это то, что мы так упорно ищем. Он может помочь нам связать картину нашего мира в единое целое. Но каким образом можно связать духовные знания с квантовой механикой, имеющей отношение к свету?

Духовные знания имеют отношение к некому Высшему Свету. Они утверждают, что Он создаёт весь наш мир. Это подтверждает наше предположение о некоем Свете, который не просто создал всё, что нас окружает, а связал их в этот единый мир планеты Земля и даже всей вселенной.

Разумный человек может помочь нам понять единое строение нашего мира, потому что внутри него планетарный мир души и его разум – это единое целое, которого мы пока не имеем в мироздании. А если у нас внутри существует, как указывают духовные источники, своя планетарная система души, то может быть она, как раз, окажется этой «золотой серединой» в нашем едином планетарном мире?

Итак, мы предположили, что человек находится по временным и пространственным характеристикам где-то в середине между двумя материальными мирами: атомным и планетарным. Душа – это его планета в тонкоматериальном мире, диаметр которой измеряется сантиметрами. Но хотя, как её можно измерить, если в нашем материальном мире она невидима?

А что если, действительно, существует ещё один планетарный мир, находящийся где-то между двумя нашими материальными планетарными мирами: атомным и планетарным, в который входит наша солнечная система?

Уровни планетарной вселенной.

Человек по своим временным и пространственным характеристикам, секундами и метрами, как раз, вписывается между этими двумя материальными мирами. Если даже грубо вычислить объёмы некоторых величин солнечной системы и атомного мира, то мы можем попытаться вычислить эту «золотую середину». Давайте постараемся это сделать.

Итак, Солнце имеет объём приблизительно 10^{24} м^3, а ядро атома – приблизительно равно $10^{-43} - 10^{-30}$ м^3 (2). Средний объём ядра планетарной системы души после вычислений, получается равным по своей величине где-то в промежутке $10^{-10} - 10^{-3}$ м^3. Это размеры таких объёмов, которые имеют величину, например, от объёма лейкоцита до 1 литра. Таким образом, диаметр планеты души этой промежуточной планетарной системы может соответствовать, предположенной духовными источниками, величине в несколько сантиметров.

Полученный результат доказывает первую возможность существования планетарной системы души. Возникает вопрос: почему же мы не наблюдаем в природе этой срединной планетарной системы? Где может вращаться планета-душа, и в каком мире это происходит?

Эта срединная планетарная система, возможно, состоит совсем из другой материи, или материи имеющей другие характеристики, поэтому она оказывается нами невидимой. Были предположения и раньше, что существует какое-то вещество, которым заполнено космическое пространство, но которое невидимо нам, например, эфиром, как утверждал это Д.И. Менделеев. Может быть, это и есть та другая материя, другие атомы, которые создали планетарную систему души человека? Конечно, это предполагает некую тонкую структуру материи, которая нами ещё не изучалась, но которую мы не можем отбросить, потому что она имеет право на существование. Давайте пока оставим это предположение для его дальнейшего раскрытия.

Раз существует тонкоматериальная планетарная система с человеческими жизненными временными и пространственными характеристиками (а она, всё-таки, довольно внушительных размеров, по сравнению с атомной системой), то отсюда следует определённый вывод, что в этом случае должна существовать ещё одна тонкоматериальная планетарная система, из которой образована данная. Она ведь должна быть из чего-то сделана, из каких-то более тонких элементов. Таким образом, можно предположить, что должна существовать ещё одна тонкоматериальная планетарная система, характеристики которой, ещё на один порядок ниже материальной атомной системы. А материальная атомная система, должна оказаться где-то в середине между двумя предполагаемыми тонкоматериальными системами, назовём их пока как сублиминальная и среднепланетарная системы.

Если, даже грубо, высчитать объём ядра сублиминальной системы, то ... В условии задачи мы имеем, что объём ядра среднепланетарной системы приблизительно равен 10^{-10}м^3, а ядра атома – 10^{-40}м^3, отсюда объём ядра сублиминальной системы получается равным 10^{-70}м^3. Конечно, такие размеры наша наука не в состоянии даже зафиксировать, к тому же это, возможно, совершенно другая материя, которую мы не относим к пространственной материи.

Таким образом, возникает предположение, что:
- существуют два различных мира: материальный и тонкоматериальный;
- по своим временно-пространственным характеристикам это получаются два вложенных мира один в другой, но не пересекающихся между собой во времени и в пространстве, имея разные их параметры и плоскости нахождения.

Надо отдать должное тому, кто формирует вселенную: насколько всё оказывается просто и продумано. Например, эти миры должны бы уничтожить друг друга при взаимном соприкосновении или проникновении с выделением большого количества квантов света, как при процессе аннигиляции, но этого не произойдёт даже тогда, когда один мир проникнет в другой. Они находятся на разных временных и пространственных уровнях и в разных плоскостях, предположим это. Они спокойно пересекаются между собой, не задевая, а даже дополняя друг друга, а, может быть, даже соединяя всё вместе.

Возможно, эти миры при определённом действии друг на друга могут производить передачу энергии между собой, потому что их пространственные и временные характеристики разнополярные: материальные и тонкоматериальные. Они не могут уничтожить друг друга, а вот передавать энергии с одного пространственного (временного) уровня на другой и менять при этом время на пространство или наоборот, предположительно, могут, при этом образуя возможность появления энергии для жизни и её образования. В этом процессе передачи энергий между мирами может находиться источник энергии для жизни материальных форм со своими закономерностями, который мы так упорно ищем.

Теперь давайте наведём порядок в нашем предполагаемом новом мировосприятии и систематизируем эти миры по временно-пространственным характеристикам, не обращая внимания на их материю. Мы пронумеруем их:

1 – сублиминальная планетарная система, тонкоматериальная;

2 – атомная планетарная система, материальная;

3 – среднепланетарная система (система души), тонкоматериальная;

4 – планетарная система (наша солнечная система), материальная;

5 – планетарная система, вроде бы, должна состоять из тонких материй 1-го и 3-го планетарных уровней, тонкоматериальная;

6 – планетарная система, материальная (?), метагалактики (вселенные)

и так далее.

О 5-ой и 6-ой планетарных системах речи ранее не шло, но это легко предположить, т.к. выше солнечной системы уже должна существовать подобная система – галактика, которая по своим характеристикам является средней между нашей солнечной системой и метагалактикой. А вселенная, как метагалактика, может являются планетарной системой 6-го уровня и т.д.

Это пока предположение, которое мы уже видим несовершенным. Например, наша галактика должна бы быть, по нашему предположению, тонкоматериальной и невидимой нам, но она нам явно видна нам через наши пространственные «щупальца». Вселенная, как метагалактика, показана материальной, но она нам видна, только как скопление материальных галактик, но мы не видим саму вселенную, потому что она для нас – тёмное небо. Оставим пока в покое эти несоответствия, чтобы снова вернуться к ним, когда нам в полной мере будет понятна структура мироздания.

Номера планетарных уровней очень чётко сошлись в цифровом представлении уровней вселенной с духовными источниками. Например, планета Земля имеет цифру «4», вселенная – цифру «6», система души человека – цифру «3». Здесь мы наблюдаем полную аналогию с духовными источниками знаний! Это говорит нам о том, что духовные источники не просто мистика, а уже некоторая реальность, в которой чётко просматривается её духовная часть системы мироздания. Но и без материальных знаний, духовная форма мироздания также не может быть полной.

Но где же здесь жизнь?

Нам удалось предположить некую классификацию планетарных систем по их уровням, конечно, при этом мы всё же подразумеваем их полное тождество в строении. Все они являются планетарными системами своего уровня, но имеющими, в зависимости от своего планетарного уровня, определённые характеристики пространства и времени, материи и тонкой материи (энергии). Они могут в нашей системе мироздания играть основную роль, тем более, что их объёмы «ядер» нами уже приблизительно вычислены. Нам необходимо ещё доказать наличии планетарных уровней, то есть доказать процесс возможного квантования уровней планетарных систем в пространстве и времени вселенной (остановимся пока на этом, высшем для нас, планетарном уровне, но это не предел).

Возможно ли подобное квантование планетарных уровней?

Своими вычислениями мы показали возможность существования промежуточных планетарных уровней времени тонкоматериального свойства. Пока это остаётся только предположением, потому что более серьёзных доказательств, для того чтобы это предположение перешло в утверждение, мы ещё не имеем. Нам необходимо развить это предположение и найти новые доказательства квантования планетарных уровней вселенной. Для этого нам необходимо переключиться на другое основное понятие в человеке – это сущность его жизни. Что нам может дать изучение процесса жизни человека?

Давайте систематизируем эти данные по планетарным уровням вселенной и составим таблицу 1, не беря пока во внимание планетарные уровни выше 5-ого. Тонкоматериальный мир мы назовём пока антимиром, а наш материальный мир – миром. Антимир у нас оказывается в таблице 1 слева, а обычный мир – справа. Мы их для большей наглядности специально «развели» в разные стороны, хотя они составляют друг с другом, пока ещё для нас непонятное, единство.

Таблица 1

Планетарные системы мира	
Тонкая материя (антимир)	Материя (мир).
1 планетарная система	?
?	2 планетарная система
3 планетарная система	?
?	4 планетарная система

Из таблицы 1 видно, что в обоих типах материй между предположенными нами уровнями планетарных систем возникают «пространственно-временные дыры». Душа (планета 3-ей планетарной системы) разворачивает форму, которая заполняется материей планетарной атомной системой 2-го уровня и эта форма живёт на поверхности планеты Земля 4-го планетарного уровня. Это значит, что пересечение мира и антимира или их взаимное соприкосновение, даёт в результате возможность появления жизни. Мы получили некий «треугольник жизни», состоящий из 2-3-4 планетарных уровней, в центре которого возникают живые существа 3-го пространственно-временного уровня.

Если мы опустим этот треугольник на одну ступень ниже: 1-2-3 планетарные уровни, то мы получим жизнь в антимире на 2-ом уровне, что для нас нонсенс, но мы пока опять же не можем отрицать такой возможности. У нас здесь появляется планета с живыми формами, например, на одном из электронов атома. Может быть, этот разряд энергии между миром и антимиром и есть энергия жизни?

Чтобы эта энергия имела какую-то величину, эти миры должны постоянно меняться: или расти, или исчезать. Мы в этом случае получаем и имеем процесс длительной аннигиляции мира в антимир и наоборот. Может быть свет, который выделяется в результате аннигиляции мира и антимира, создаёт своей энергией возможность для жизни, в том числе и на нашей планете?

При их взаимном соприкосновении или проникновении могут возникать волновые энергетические процессы, так как их материи имеют противоположные знаки пространства и времени. На определённом расстоянии между ними может происходить разряд подобно разряду молнии, но который происходит постоянно в течение всей нашей жизни, выделяя энергию для жизни форм, что-то наподобие медленной аннигиляции. Эта энергия не может быть постоянной, она изменяется по каким-то своим законам, которые нам пока неизвестны.

В таком случае, получаемые энергетические вибрации жизни – это, возможно, вибрации энергии медленной аннигиляции мира и антимира, которые позволяют живым формам существовать. Мы снова подошли, к какой-то новой энергии, выделяемой при компенсации материи и антиматерии.

Что это за новая энергия медленной аннигиляции, которая становится жизнью материальной формы, если рассматривать наш планетарный уровень?

Выходит, что все пустоты в таблице 1, которые стоят между миром и антимиром, можно заполнить словом – «жизнь». В этих промежутках возможно появление и даже существование жизни, т.е. живых форм. Давайте изменим таблицу 1 и добавим в неё «жизнь», для чего составим таблицу 2.

Таблица 2

Планетарные системы мира и их жизнь	
Тонкая материя (антимир)	Материя (мир)
1 планетарная система	?
жизнь	2 планетарная система
3 планетарная система	жизнь
жизнь	4 планетарная система
5 планетарная система	?

Из таблицы 2 видно, что жизнь вполне может существовать как в антимире, так и просто в мире. Где пересекаются мир и антимир между собой существует нечто, что мы называем «жизнью», но, возможно, и даже «жизнью после смерти». Это пока только предположение, которое ещё придётся доказывать и, может быть, даже изменять его. Конечно, таблица 2 – это только кусочек вселенной, который мы ещё можем как-то ощутить и охватить своим разумом.

Предположив такое многоуровневое планетарное устройство вселенной, давайте теперь попробуем понять, как устроена её грубая и тонкая материи и какую они имеет связь с энергией жизни? Каким образом образуется мир и антимир и как они связаны между собой? Что такое материя и энергия материи, что и как их связывает друг с другом? Какие закономерности возникают в материях при образовании вселенной?

Снова возникла новая стена вопросов.

Глава II. Возвращение Эйнштейна

Создание «Единой теории мироздания» успешно продвигается и уже имеет перспективу. Давайте продолжим её исследование далее и попытаемся соединить материальные и духовные знания Земли, взяв из них те рациональные зёрна, которые помогут нам это осуществить. Возможно, после этого нам удастся понять происхождение вселенной, планеты, человека и узнать истинную цель нашей эволюции, ту тайну, которую скрыли от нас в своих символах духовные учения Земли.

Материальная наука рассматривает нашу вселенную, и всё что в ней находиться, только как материальный объект. Мы хотим добавить и уже добавляем в нашу теорию мироздания живую материю, которая может оказаться тем связующим звеном, которого ранее никто не обнаружил. Возможно, это звено позволит нам соединить ранее несоединяемое!

Планетарная материя, атомы, планетарная система души человека, субминимальная материя – это те уровни мироздания, которые нам уже удалось предположить. Материя, Дух, жизнь, рождение, смерть, жизнь после смерти, пространство, время – может быть, они помогут нам объединить всё во вселенной в единое целое?

Нам остаётся только начать подобное интегральное живое исследование. Мы при этом отбросим всякую предвзятость в наших размышлениях, чтобы не пропустить истинную мысль. Необходимо всё поставить под сомнение и рассмотреть это уже с позиции жизни. Нам нужно заново исследовать даже самые фундаментальные формулы, чтобы «проявить» через них, возможно, что-то нами ранее упущенное.

Формулы Пространства и Времени

Итак, в условии задачи мы имеем Дух и Материю, которые, как утверждают духовные источники, сотворили наш мир. Это значит, что здание нашего мира построено ими совместно, но у нас может не хватить разума, чтобы просто понять эти духовные символы, настолько они глубоки и широки. Нам только и остаётся, что попытаться отыскать это нечто, тот «философский камень», который бы в один миг раскрыл нам тайну нашего мироздания.

Для этого нам необходимо самим смоделировать общее строение нашего мира, а для этого мы попробуем применить в наших целях знаменитую и гениальную формулу Эйнштейна о связи материи и энергии. Другого научного источника, соединяющего их в себе, мы пока найти не смогли.

Итак, эта формула описывает наше материальное пространство, поэтому для того, чтобы нам не потерять это пространство, мы обозначим энергию (E) и материю (M) со значками пространства (E_s, M_s), для того, чтобы в дальнейшем не путаться в понятиях пространства и времени:

$$E_s = M_s \times C^2. \qquad [1]$$

Где: E_s – энергия пространства;

M_s – материя пространства;

C – скорость света.

Эта формула подтверждает нам зависимость материи и энергии между собой в пространстве и можно образно перефразировать её словами так:
- энергия пространства (E_s) – это разогнанная до квадрата скорости света (C^2) материя (M_s), т.е. частицы материи становятся энергией, когда двигаются со скоростью C^2 – это динамика материи;
- материя пространства (M_s) – это остановленная с такой же скоростью C^2 энергия (E_s). Частицы энергии становятся материальными, когда остановлены и, можно сказать, неподвижны относительно частиц энергии – это статика материи.

Таким образом, получается, что энергия такая же материальная субстанция, как и сама материя, которая остановлена, и, наоборот, материя становится энергией, когда движется со скоростью света в квадрате – C^2. В них мы уже предполагаем нечто единое, что имеет отношение как к энергии, так и к материи, но это имеет отношение только к пространственному миру.

Продолжим исследовать эту формулу [1] и представим её в несколько другом виде, при этом перенесём одну из скоростей света в левую часть формулы, а в правую часть добавим частицу-корпускулу света – К. (Мы вернёмся к названию корпускулы в кванте обычного света):

$$E_s/C = M_s \times C = K \qquad [2]$$

где К – корпускула света, двигающаяся со скоростью света – С.

В эту формулу [2] мы добавили ещё один знак равенства с корпускулой света – К, двигающейся со скоростью света. В этом случае мы получаем то, что материальная частица, разогнанная до скорости света, и, остановленная с такой же скоростью света, энергия являются обычной корпускулой света, которая может стать как материальной частицей, так и частицей энергии. Если разогнать обычный свет с его корпускулами до ещё одной скорости света, то обычный свет тогда превратиться в энергию:

$$K \times C = E_s \qquad [3]$$

Если корпускулу света остановить со скоростью света, то она превратиться в частицу материи:

$$K/C = M_s \qquad [4]$$

Получается, что наш обычный свет может стать как энергией, так и материей.

Напрашивается ещё один вывод, что корпускулы света, частицы материи и энергии могут быть одними и теми же частицами, только в одном случае они или остановлены – материя, или разогнаны до скорости C^2 – энергия, или двигаются со скоростью света – С как его корпускулы.

Мы получаем три состояния некоей единой частицы, которую даже корпускулой света не назовёшь, потому что это ещё энергия и материя. Частица получается единой для всех трёх состояний, только двигается с разными скоростями, как бы квантованными по скорости света! Наше предположение привело нас к некому единству в нашей материи – истинно элементарной частице Материи[3], которую нам придётся отыскать. Что это за элементарная частица Материи, которая может принимать все три её состояния?

---

[3] Материей с заглавной буквы мы обозначим некую вселенскую материю, в которую входят и энергия, и материя всех систем.

Давайте продолжим наши исследования, имеющий скрытый смысл, формулы Эйнштейна. Попробуем теперь видоизменить эту формулу [1] и представим в ней скорость света, как отношение пути, пройденного за определённое время, только с одним условием: их отношение будет равно величине скорости света:

$$C = S/t \qquad [5]$$

Снова запишем формулу [1], но уже в новом виде, подставив вместо скорости света (C) правую часть формулы [5]:

$$E_s = M_s(S/t)^2 \qquad [6]$$

Переместим квадрат времени в левую часть формулы и получим интереснейшее уравнение, раскрывающее нам некий тайный смысл нашей жизни:

$$E_s t^2 = M_s S^2 \qquad [7]$$

В левой части формулы у нас теперь появилась «площадь» времени – t^2, а в правой части формулы появилась «площадь» пространства – S^2. Далее, в левой части формулы [7] к «площади» времени добавилась энергия (E_s), и здесь мы получаем некий «объём» энергии во времени, т.е. систему из 3-х измерений ($E_s t^2$) во времени: энергия в «плоскости» времени или энергетическая «сфера» времени. Нам, для простоты понимания, лучше пока образно представлять энергию во времени, как бы, «сферой». Во времени она будет пустотелой, а вся энергия будет сосредоточена на её границе. Далее, мы это обязательно рассмотрим, но пока оставим её, предположительно, «сферой».

В правой части формулы [7] к площади пространства – S^2 добавляется материя – M_s и образуется пространственный «объём» материи ($M_s S^2$): материя в «плоскости» пространства или материальная «сфера» пространства (допустим и здесь «сферу», но уже заполненную внутри). Таким образом, получается, что $V_E = V_M$ – «объёмы» материи в пространстве и энергии во времени должны бы быть равными между собой, согласно этой формуле [7], но только при каких условиях? Давайте подробнее разберём это.

Итак, $E_s t^2$ – это энергетический «объём» времени, но время меньше пространства в C раз, отсюда мы получаем, что «сфера» времени очень мала в своей «плоскости» времени относительно «плоскости» пространства. Мы получаем, как бы, «точку» сконцентрированной энергии во времени относительно пространства. Это будет бесконечно малая плоскость времени t^2, но наполненная некоторым количеством частиц энергии E_s, причём «объём», полученный во времени (V_E), равен «объёму» пространства (V_M). О чём это равенство может нам говорить?

Согласно той же формуле [7] у нас получается, что плоскость времени t^2 меньше плоскости пространства S^2 в C^2 раз. Равенство объёмов при этом получается довольно интересным. Давайте пока примем плотность частиц в этих объёмах одинаковой и постоянной и посмотрим, что у нас из этого получиться.

«Объём» энергии во времени (V_E) образует при постоянной плотности частиц, как бы, бесконечную «объёмную линию» из частиц энергии на бесконечно малой «плоскости» времени t^2 (практически, точке). В пространстве S^2 отсутствует время, а значит, эта «точка» может занимать его нулевую отметку, т.е. находиться в центре «плоскости» пространства, в его нулевой точке. Тогда, эта «линия», как бы, уходит вверх и возвращается снизу перпендикулярно плоскости пространства. У нас получилось подобие «бесконечной, объёмной линии».

«Бесконечная линия» – это не что иное, как замкнутый «бесконечный круг», она исходит из точечной «плоскости» времени (t^2) и возвращается в неё же, только с противоположного направления за счёт своего естественного искривления в пространстве. Полученный замкнутый «бесконечный круг» энергии во времени вращается относительно пространства, пронизывая его в нулевой отметке, со скоростью – C^2. Энергетическая «сфера» времени у нас получилась полой и пустой, а всё количество частиц сосредотачивается на её границе.

А теперь давайте рассмотрим правую сторону формулы [7]. M_sS^2 – это «объём» материального пространства в «сфере» пространства, где пространство S^2 очень велико. У нас получилось объёмное пространство довольно больших размеров, можно сказать, бесконечное и более похожее на объёмную плоскость, но сильно разряженное относительно «плоскости» времени.

Глава II. Возвращение Эйнштейна

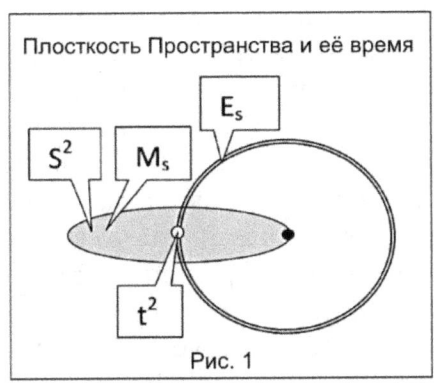

Рис. 1

Теперь попробуем левую и правую части формулы соединить вместе (рисунок 1), при этом предположим, что «сфера» времени своим краем касается центра «сферы» пространства и имеется бесконечное объёмное пространство вокруг этого центра. Мы пока для наглядности в рисунке 1 «сферы» времени и пространства представили плоскими.

Теперь обратимся к формуле [5], в которой есть пространство – S и время – t. Их отношение даёт нам скорость и если это отношение равно $3*10^8$ раз, то это будет скорость света – C. Формула [7] будет действительной только тогда, когда это отношение пространства и времени будет равно $3*10^8$ раз. Причём пространство и время могут быть величинами одной размерности. Это мы их в нашем материальном мире сделали метрами и секундами. Пространство всегда можно представить временем, а время – пространством. Всё зависит от нашей относительной точки зрения.

Итак, совершенно неожиданно мы получили довольно интересную графическую структуру формулы Эйнштейна. Она лучше поможет понять нам взаимодействие между пространством и временем, материей и энергией. На её основе мы продолжим наше исследование далее.

Потусторонний смысл формулы Эйнштейна

Возникает интересное предположение, которое связано с нашей новой точкой зрения. Полученные нами ранее формулы имеют отношение только к нашему пространству S, в котором у нас есть «щупальца». А что, если нам перенести свой взгляд из пространства на время. Как в этом случае будет выглядеть формула Эйнштейна [1]?

В формуле [5] мы скорость света представили, как отношение пространства S ко времени t, и даже пространство нами обозначено с заглавной буквы, а время – с прописной. К тому же, мы заранее оговорились об относительной принадлежности этих формул к пространству. А что, если мы теперь выйдем из пространства, которое мы так внимательно изучаем, и перейдём во время, которое мы, практически, не изучаем? Что нам помешает перейти в мир Времени, который мы называем потусторонним, мистическим, духовным и т.п.?

Теперь нам необходимо сделать новую оговорку: мы ранее время писали с прописной буквы, как бы, заранее определяясь с ним относительно большего пространства, но переход во время сразу ставит нам вопрос, а в какое время мы переходим и, конечно, это явно не то время t, которое мы имели ранее. Тогда мы можем предположить мир другого времени, которое значительно больше времени t, возможно, на величину скорости света, и оно у нас становится Временем Т с заглавной буквы. И чтобы нам далее не путаться, таким же образом мы поступим с пространством: если мы внутреннее время t описывали как принадлежность к Пространству S, то теперь во Времени Т это будет уже меньшее его внутреннее пространство s. Оно будет значительно меньшим, на такую же величину скорости света.

Мы большее Пространство будем писать с заглавной буквы S, а внутреннее пространство большего Времени Т с прописной буквы s. В этом случае мы временно избежим путаницы между большими Пространством и Временем и меньшими их внутренними пространством и временем.

Давайте теперь представим, что мы из Пространства переместились в большее Время, которое согласно духовным источникам имеет зеркальное отражение от Пространства. Какой вид здесь обретёт формула Эйнштейна, которую мы ранее рассматривали в Пространстве?

Скорее всего, эти изменения коснуться скорости света: какой она будет во Времени? Время – это точно такое же Пространство, только расположенное перпендикулярно ему. Естественно, в нём будет присутствовать уже своя скорость света. Если мы её раньше описывали как путь S пройденный за время t, то вероятней всего, во Времени она обретёт иное значение и будет вычисляться как время Т пройденное за определённый путь s. Теперь скорость света будет отношением времени Т к его внутреннему пространству s:

$$C = T/s \quad [8]$$

где, время будет обозначено у нас с заглавной буквы – Т, а пространство теперь станет внутреннем во Времени – s. Всё у нас поменяется здесь местами зеркально.

У нас совершенно внезапно возникли два условия для скорости света, одно из который принадлежит Пространству, где мы будем иметь скорость света – C_s, а другое – Времени, где она уже будет равна – C_T. Нам пришлось эти две скорости света развести между собой и обозначить по-разному. Давайте изложим эти условия, при которых наша формула [7] будет работать и в Пространстве, и во Времени и, возможно, даже вовне их:

1. если $S \neq t$, но $S > t$, то их отношение S/t будет равным $3*10^8 = C_s$, что образует «сферу» Пространства. Если появилось Пространство S, то оно сразу же образует своё внутреннее время t с отношением к нему равному скорости света в пространстве;
2. если $s \neq T$, но $s < T$, то их отношение s/T равно $1/C_s$, т.е. $T/s = C_T$, что образует «сферу» Времени. Если появилось Время Т, то оно сразу же образует своё внутренне пространство s с отношением к нему равному скорости света во времени;
3. если $S = t = T = s$, могут возникнуть и такие условия, то отношения $S/t = T/s = 1$. Мы немного забежали вперёд. Отношения пространства и времени между собой в определённых случаях, могут быть равными единице, но только при «перпендикулярной» работе этой формулы [7], не внутри, а между «сферами» Пространства и Времени. Тогда очень легко материю сделать энергией и наоборот, но, может быть, мы ошибаемся?

Описывая условия «работы» формулы [7], мы столкнулись с новыми условиями: вторым и третьим. Второе условие получается зеркальным первому, как бы, его полным отражением. Если первое условие – условие «сферы»

Пространства, в которой «работает» эта формула, то второе условие – условие «сферы» Времени, в которой эта формула приобретает зеркальный вид, но эта не та «сфера» времени t^2, которую мы описывали ранее.

Давайте, попробуем применить эти предположения, и скажем, что возможно:

- для частиц «сферы» Пространства $C_s = S/t$;
- для частиц «сферы» Времени $C_т = T/s$ (зеркально меняется время и пространство местами).

Где: C – скорость света;

S, t – пространство и время частиц в Пространстве;

T, s – время и пространство частиц во Времени.

Таким образом, мы явно видим, что скорость света, которую мы имеем в нашем материальном мире, намного более широкое понятие, причём отношение $C_s/C_т = C^2$. Получается, что относительная скорость между Пространством и Временем равна квадрату скорости света!

Относительная скорость света вывела нас на совершенно другой тип частиц, которые имеют отношение к проявившемуся Времени, а не к тому Пространству, в котором мы живём. Если в Пространстве мы имеем материю M_s и материальную энергию, обозначим её так, E_s, то во Времени это уже будут не они.

Давайте определим «материю» Времени, как энергию Времени $E_т$, чтобы нам далее не путаться в этих понятиях материй. И как мы ранее поняли, в Пространстве есть внутреннее время и оно имеет материальную энергию Пространства, которая связана с его частицами. Во Времени также есть внутреннее пространство, которое имеет свою энергетическую материю, назовём её так, Времени $M_т$. Предполагая дальнейшее развитие нашего исследования, нам лучше, всё же, пока так и оставить эти внутренние понятия некоей большей Материи, а уже затем, более точнее определиться с ними.

Получается, что соотношение энергии и энергетической материи во Времени становиться другим: они меняются местами зеркально относительно нашего материального мира:

$$M_т = E_т C_т^2 \qquad [9]$$

где, $C_т$ – скорость света во Времени;
$E_т$ – энергия Времени;
$M_т$ – энергетическая материя Времени.

Отсюда мы можем предположить, что энергетическая материя $M_т$ – это разогнанная энергия Времени, а энергия Времени $E_т$ – это остановленная энергетическая материя. Все это зеркально относительно материи Пространства.

Ранее, мы определились, что в Пространстве материя – это остановленные частицы, а энергия – разогнанные. Возможно, что в потустороннем мире, кроме того, что зеркально меняются местами время и пространство, точно так же зеркально меняется местами свойства частиц.

Давайте изменим символы в формуле [9] в соответствии с новыми зеркальными свойствами. Тогда наша новая потусторонняя формула Эйнштейна станет похожей на формулу [7], т.е. в том потустороннем мире Времени она будет аналогична пространственной, но только зеркальной ей по свойства относительно материи Пространства. Во Времени она будет полностью аналогичной по свойствам пространственной формуле! Всё будет одинаковым, только плоскости будут разные, а в остальном – всё, то же самое, но зеркально!

Проверим это, для чего раскроем формулу [9] и выразим её через пространство и Время, не забывая, что $T/s=C_т$. У нас тогда правая и левая части формулы, как бы, поменяются местами, но тогда зеркально изменяются и их свойства. В целом, формула станет полностью зеркальной относительно Пространства, но она уже будет принадлежать Времени.

$$M_т s^2 = E_т T^2 \qquad [10]$$

Давайте снова определимся с параметрами «объёмов» пространства и Времени, теперь уже в «сфере» Времени, в данной формуле, но сейчас наше Время T больше пространства s в C раз. Начнём с левой части: $M_т s^2$ – это очень малое пространство, наполненное сгущённой энергетической материей $M_т$ – это уже будет «точка» сгущённого внутреннего пространства, «бесконечная, объёмная линия» в нашем понимании. $E_т T^2$ – это бесконечно большой «объём» Времени

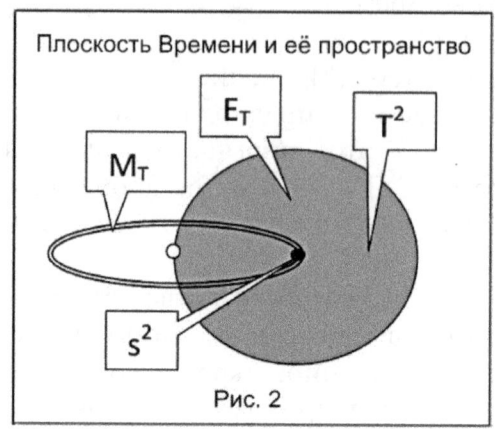

Рис. 2

с разряженной энергией $E_т$ в «сфере» Времени. Давайте теперь соединим их вместе.

Мы получим следующее (рисунок 2): в центре системы находится пространственная «точка» сгущённой энергетической материи $M_т$, а вокруг неё будет располагаться разряженная энергетическая сфера времени энергии $E_т$. Мы получили практически зеркальную Пространству «сферу» Времени. Только наши плоскости теперь поменялись местами и, естественно, свойство плоскостей стало также зеркальным. Вопрос пока возникает только один: материя Пространства и энергия Времени – это не одно ли и тоже?

Жизнь и «жизнь после смерти»

Теперь настало время понять смысл предположенных нами на рисунках 1 и 2 структур Материи глубже. Остановим сначала свой взор на энергии, т.к. с понятиями материи и материальной энергии Материи мы уже, вроде бы, познакомились и имеем некоторое представление.

Что же такое энергия Времени и что она собой может представлять и можем ли мы её как-то «проявить» в нашей пространственной материи и понять своим разумом? К тому же получается, что энергия связана со «сферой» Временем, а в формуле [7] со временем связана энергетическая материя, может они одно и то же понятие?

Материя Пространства и энергия Времени должны быть противоположными по знаку и соединившись превращаться в «ничто», выделяя свет и, наоборот, свет соединяясь с чем-то образует материю, или энергию, или одновременно и то и другое. Получается, что Материя состоит из самой материи и материальной энергии в Пространстве и своей противоположности — энергии и энергетической материи во Времени, а это как-то нам не совсем понятно. А что если энергия Времени имеет ту же формулу [7]?

Давайте предположим, что время и пространство в материи и энергии могут зеркально поменяться местами, образуя, как бы, другой «угол зрения», и находиться в взаимно-перпендикулярных плоскостях. Энергия находится в плоскости перпендикулярной плоскости материи, в «зазеркалье» — предположим это: было внутренним время в материи, а стало «пространством» Т (Временем) для энергии, было пространство в материи, а стало «внутренним временем» (пространством) s в энергии.

Точно так же изменяется электромагнитная волна в кванте света при смене его фазы состояния на 90^0, где электрическое и магнитное поля взаимно-перпендикулярные друг другу меняются местами между собой. Раз мы имеем дело со светом и его электромагнитной волной, то можно даже утверждать, что, действительно, плоскости Времени и Пространства также должны быть взаимно-перпендикулярными.

Кроме этого имеются некоторые наблюдения, полученные из опытов йогов, из их духовных практик, посредством которых они могут проникнуть в потусторонний мир при медитациях. У них есть интересное описание изменения сознания: если обычное сознание «повернуть» (на угол в $90°$), т.е. изменить угол «зрения», то сознание оказывается в другом мире. Значит вполне возможно, что материи могут существовать одновременно и в одном месте, но быть развёрнутыми относительно друг друга в разных плоскостях, как предположили.

Мы в нашей жизни обладаем обычным материальным сознанием и благодаря нему осознаём окружающий нас статический мир материи в Пространстве ($M_s S^2$). Если вдруг его повернуть на 90^0 и перейти в другую плоскость сознания, в плоскость Времени, то оно станет видением совсем другого мира, и мы тогда сможем увидеть и осознать совершенно другой, потусторонний мир, динамический мир энергии и Времени ($E_т T^2$).

Мир Времени, как и мир Пространства, – как два взаимозависимых мира, которые оба имеют право на реальное существование. Возникает новое интересное предположение:
- M_sS^2 – это наша материальная, пространственная жизнь в сфере Пространства – физическое тело пространства;
- E_st^2 – это наша «потусторонняя, разумная жизнь» в материальной энергии внутреннего времени в сфере Пространства. Это разум существ мира Пространства;
- $E_st^2+M_sS^2$ – это наше единое разумное материальное тело.

Практически формула Эйнштейна описала нам в математическом представлении наше физическое тело, обладающее разумом.

Человек, согласно формуле [7] состоит их двух тел: материального физического тела и разумного тела. Естественно получается, что мы одновременно находимся как в пространстве, так и во времени Пространства планеты Земля. Но наши «щупальца» настроены только на пространство, а о времени мы забыли, потому что явно его не ощущаем. Оно является только проекцией «сферы» Времени в Пространстве.

Но не только человек имеет два тела, а всё, что есть на планете Земля, имеет точно таких же два тела и даже камень, который имеет твёрдую физическую форму, должен обладать разумом, который даёт ему вторая часть формулы [7] (E_st^2). Можно тоже самое сказать о нашем атоме и любой другой частице, которые просто обязаны иметь второе разумное тело. Мы уже можем утверждать, что всё, что есть на планете Земля, обладает разумом. Мы совершенно неожиданно для себя подтвердили предположение учёных, говорящих о разуме атома.

Согласно этой же формуле, можно предположить и то, что могут иметь место отрицательные время и пространство. Эта формула также хорошо будет работать и с ними. Тоже самое можно сказать о «сфере» Времени.

Давайте теперь попытаемся сделать формулу [7] «живой», но не откажемся от постоянства скорости света. Опишем нашу материальную жизнь так:

$$E_s{\uparrow}t^2 = M_s{\uparrow}S^2 \quad [7a]$$

При E_s и M_s, стремящихся к бесконечности, энергетическая «сфера» внутреннего времени и материальная «сфера» пространства в Пространстве должны расширяться. Получается, что сами частицы должны обладать временем и пространством. Не плоскость времени (t^2) определяет время, а количество частиц материальной энергии (E_s) в этой плоскости; плотность частиц материальной энергии, возможно, оказывается постоянной величиной, как и плотность материальных частиц в пространстве. Точно так же, в пространстве S его протяжённость определяет количество частиц материи M_s, причём, расширение пространства и времени происходит тождественно и одновременно.

На самом деле отношение между плоскостями пространства и времени всегда равно квадрату скорости света, независимо даже от плотности частиц. Получается, что наше время или пространство определяется количеством частиц энергии или материи в плоскости времени или пространства. Они или сжимаются с уменьшением этих частиц (время и пространство уменьшаются), или расширяются с их увеличением (время и пространство увеличиваются).

В нашей формуле [7] плотность частиц энергии (E_s) и материи (M_s) в их «сферах» предположена нами постоянной, а их количество стремиться к бесконечности во времени (t^2) и в пространстве (S^2), отсюда время и пространство этой формулы должны расширяться до некоторой бесконечности. Расширение происходит вокруг нулевых «точек» времени и пространства.

Давайте предположим, что наше Солнце и Земля как-то должны соответствовать формуле [7], но они у нас, вроде бы, получаются размазанными по плоскостям. Солнце – это будет материальная энергия Пространства во внутреннем времени, а Земля – это будет часть материи пространства, если рассматривать их относительно «сферы» Пространства. Конечно, это не совсем так, т.к. в нулевых «точках» времени и пространства сосредоточена некая сила, которая заставляет все частицы энергии и материи собираться вокруг соответствующих нулевых центров. Возможно, поэтому у нас получаются сгущённые планетарные тела: Солнце и Земля со своими пространством и временем соответственно.

Мы описали процесс «жизни», когда материальные тела растут в своих размерах до некоторой бесконечности в пространстве и их разум – материальная энергия во времени – также растёт. В конце нашей жизни частицы времени и пространства «достигнут» границ бесконечности Пространства. Тогда оно будет полностью заполнено частицами-планетами. Это можно назвать условиями смерти, когда $E_s t^2 = M_s S^2 = \infty_s$, для данного Пространства.

Теперь разберём обратный процесс и поменяем местами направление стрелок в формуле [7а].

$$E_s \downarrow t^2 = M_s \downarrow S^2 \ [7б]$$

В данном случае, у нас получается описание «жизни после смерти», описание процесса сворачивания пространства и времени, т.е. процесс разложения, когда они сворачиваются, стремясь сжаться в «точку». В конце «жизни после смерти» пространство и время будут полностью «свёрнуты», и превратятся в «точки». Это можно определить уже условием рождения: $E_s t^2 = M_s S^2 = 0_s$. Эти новые определения условий рождения и смерти требуют дальнейшего подтверждения. Они могут оказаться не совсем точными, но мы пока их примем такими, какими они получились.

Возникло что-то непонятное в наших предположениях о взаимоотношении между материй и энергией. Здесь возникает что-то едва уловимое, какая-то новая истина, просится на поверхность. А истина очень проста: когда мы спросим себя, а куда же деваются частицы пространства и времени из этой формулы [7б], и каким образом и откуда возникают частицы в формуле [7а], тогда мы поймём её. Не возникает ли у нас некоего круговорота частиц между этими двумя формулами? В одном случае они наполняют пространство и время [7а], в другом случае – они сворачивают пространство и время [7б]. Одно расширяется – другое сворачивается, только что и куда перетекает?

Действительно, при жизни мы находимся в «сфере» пространстве, а после смерти – в «сфере» времени, например, большего Пространства, которое их объединяет. Их плоскости – взаимно перпендикулярные, а это означает, что при смене направления стрелок в формулах [7а] и [7б] плоскости обитания живых существ не меняются: разлагаться будет как тело пространства, так разум времени.

Это касается не только жизни живых существ, но и планетарных систем. Мы «переключили» стрелки в формулах, а существа и планетарные системы поменяли эволюцию на инволюцию, формирование, на расформирование. Например, при смерти мы переходим в «вертикальную» плоскость времени, а при рождении – в «горизонтальную» плоскость пространства.

Зазеркалье Материи

Если существует расширение в Пространстве, то мы это называем жизнью, если – расширение во Времени, то жизнью после смерти. Мы получаем объединение двух формул в единое целое: если есть расширение в Пространстве, от обязательно существует сужение во Времени, что мы называем жизнью, и наоборот, что мы называем жизнью после смерти. Давайте это более серьёзно исследуем.

Ранее мы описали в формулах 7а и 7б круговорот времени и пространства в Пространстве, а теперь нам необходимо сделать то же самое для Времени, где так же имеют место свои собственные время – T и пространство – s [10]. Попробуем теперь описать расширение времени и пространства во Времени, подставив в формулу [10] стрелки, указывающие направления движения или эволюции, или инволюции:

$$M_т \uparrow s^2 = E_т \uparrow T^2 \qquad [10а]$$

Мы получили процесс аналогичный процессу жизни в Пространстве, но это процесс во Времени, а значить это уже будет жизнью во Времени или жизнью после смерти. Мы точно так же получаем физическую форму из частиц энергии, Времени и не можем отказаться здесь от разумной формы, как второй части формулы [10]. Мы получаем живое энергетическое существо ничем не отличающееся от нас и имеющее две формы: энергетическую и разумную, только живущее во Времени в другой плоскости относительно нас. Имеет ли оно право на существование? Не в это ли состояние переходят после своей смерти существа, системы и формы, что даёт нам возможность понять, а что же происходит с нами после смерти?

Вполне возможно, что после нашей смерти частицы из формулы [7б] перетекают в формулу [10а] и в нашем предположении возникает явный круговорот частиц между Пространством и Временем, материей и энергией. Тогда нельзя отрицать наличия и другого круговорота, которое даёт частицы уже для нашей обычной жизни. Чтобы это увидеть, давайте поменяем направление стрелок в формуле [10а], в этом случае мы получим:

$$M_т{\downarrow}s^2 = E_т{\downarrow}T^2 \qquad [10б]$$

По нашим предположениям это уже будет «смерть» во Времени, а у нас это будет материальное «рождение». Здесь мы имеем сужающее время и пространство Времени, т.е. – это тоже самое разложение тела только во Времени. Вытекающие частицы из формулы [10б] вполне могут «втекать» в формулу [7а], где они могут стать частицами, которые дают нам жизнь в Пространстве.

Возникает новый круговорот: разложение энергетического тела Времени, переходящее в жизнь материального тела Пространства. Таким образом, смерть является источником для жизни в другой плоскости, и она получается не такой страшной для нас, как и для планетарных систем. Давайте проверим это на одной из планетарных систем.

Круговороты жизнь и смерти

Для того чтобы нам лучше понять смысл появившихся предположений, давайте попытаемся соединить их в единую систему. Конечно, для этого нам придётся выявить в ней пространство и время и найти внутри неё их взаимосвязи. Естественно, материя и энергии зеркальны относительно друг друга, а это значит, что они тождественны, т.к. зависят только от нашей точки зрения, точки нашего наблюдения. Возможно, что и частицы их материй одни и те же, только располагаются в разных плоскостях, от чего они приобретают зеркальные свойства. Знаки пространства и времени в этих «сферах» могут быть как положительными, так и отрицательными.

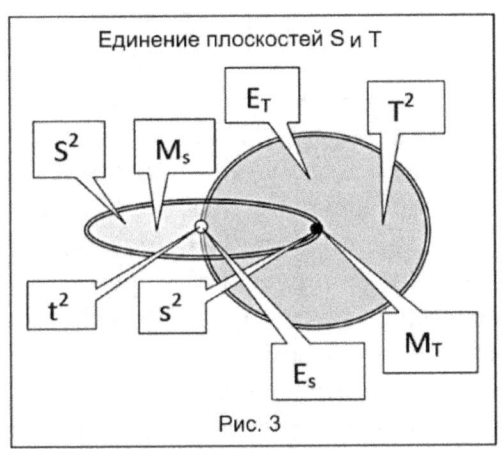

Рис. 3

Теперь давайте представим себе, что мы имеем одновременно и «сферу» Пространства, и «сферу» Времени (рисунок 3), что наши формулы [7] и [10] работают, как бы, одновременно и параллельно. На этом рисунке 3 мы одновременно структурно разместили две «сферы»: Пространства (S^2) и Времени (T^2), так же сделав их пока плоскими.

Как образуется «сфера» Пространства на рисунке 3? Граница «сферы» Пространства образована энергетической материей (M_T), а внутреннее наполнение пространственной сферы будет материальным (M_S). Получилась сфера, как бы, двойная, причём знак частиц оказывается разным, а это означает то, что между ними на их границах как в бесконечности, так и на нулевых отметках возможно возникновение разряда, т.е. переход одной частицы в другую. Точно таким же образом образована «сфера» Времени, она также получается двойной и разнозарядовой. Здесь также возможно возникновение разряда и перетекания частиц из одной материи в другую, причём направление перетекания может быть любым и даже параллельным.

Может быть, сейчас нам удалось найти нечто связанное с энергией жизни материальных форм. Ведь такой длительный перетекающий разряд энергий и материй, возможно, даёт энергию для жизни материальной формы. Без этой энергии мы не можем говорить о жизни физических форм. Давайте попробует соединить формулы [7] и [10] в параллельной работе (таблица 3).

Таблица 3

		Круговорот частиц между Пространством и Временем			
s/t =1	↕	C = T/s			«сфера» Времени
		$M_Ts^2 = E_TT^2$ [10]	↕	S/T =1	
		$E_st^2 = M_sS^2$ [7]			«сфера» Пространства
		C = S/t			

В центре таблицы 3 записаны формулы [7] и [10], выше и ниже их записаны соотношения их времени и пространства соответственно. Самое интересное для нас сейчас то, что наше третье условие «работы» формул [7] и [10] наконец-то проявило себя. Мы видим, что при равенстве времени и пространства они могут переходить друг в друга. Из «сферы» Пространства переход частиц в «сферу» Времени будет происходить, например, так: материальная частица пространства (M_sS^2) при переходе из пространства во время становится частицей энергии (M_Ts^2) «сферы» Времени. Точно так же энергетическая частица (E_st^2) перейдёт в «сферу» Времени частицей (E_TT^2), и наоборот.

Давайте попытаемся понять, каким образом таблица 3 влияет на нашу жизнь? Мы считаем, что живём на пространственной планете в «сфере» Пространства, т.е. условие нашего рождения на планете может быть следующим: формула [7] – пустая, а формула [10] наполнена частицами и подошла к концу своей жизни во Времени. Процесс нашей жизни описываем так: формула [10] через левую часть таблицы 3 постепенно перетекает в формулу [7], которая наполняется частицами, опустошая формулу [10].

Условия смерти – формула [7] наполнена частицами полностью, а формула [10] – пустая. У нас не хватает ещё одного круговорота в этих формулах, и он описывается так: частицы формулы [7] постепенно через правую часть таблицы 3 переходит в формулу [10], которая теперь наполняется ими. У нас снова возникает понятие «жизни после смерти» в «сфере» Времени.

Мы много говорили об относительности при рассмотрении «работы» формул. На рисунке 4 представлены три относительные точки зрения, которые соответственно представляют собой: «сферу» Пространства (рис. 4а);

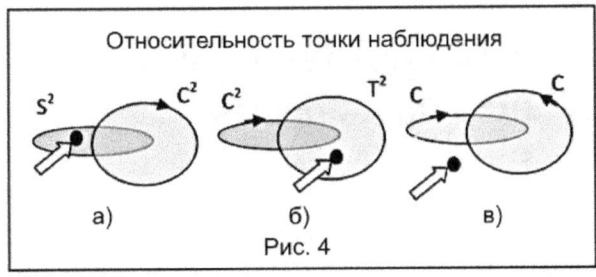

Рис. 4

«сферу» Времени (рис. 4б); вне «сфер» Пространства и Времени (рис. 4в). Если наблюдение ведётся из «сферы» Пространства (рис. 4а), то мы имеем точку наблюдения в пространстве, т.е. нашу обычную пространственную точку зрения; если, ничего не изменяя, просто перенести точку наблюдения в «сферу» Времени (рис. 4б), то у нас уже, по такому же принципу, образуется точка зрения из Времени; если мы вынесем точку наблюдения вне «сфер» Пространства и Времени, то мы получим нечто единое, которое соединяет в себе и Пространство и Время.

Получается то, что все наши определения свойств частиц по плоскостях оказывается иллюзорным, что их свойства, как и понятия жизни и жизни после смерти – полностью относительны.

Глава III. Взаимодействие между Пространством и Временем

Для того чтобы исследовать возникшие круговороты между Пространством и Временем, нам необходимо теперь опуститься в своих знаниях в наш материальный мир и поискать ответы в нём. В науке есть знания о солнечной системе, Земле, атоме и они могут или подтвердить правильность нашего исследования или опровергнуть его. Если действительно существуют круговороты Пространства и Времени то, значит, они должны существовать внутри каждой планетарной системы, в атоме и даже в человеке. Здесь мы и должны будем их отыскать.

Для того чтобы точно ответить на эти вопросы, давайте попробуем сначала разобраться в плоскостях Пространства и Времени, в которых они формируются. Пока мы не поймём этого, нельзя будет понять – верно ли наше предположение или нет.

Частицы Пространства

Давайте попытаемся понять, хотя бы, принципы структур пространства и времени в трёхмерном измерении и определим, какими бывают их знаковые значения. Мы очень часто ссылаемся на них и с этими понятиями жёстко связаны

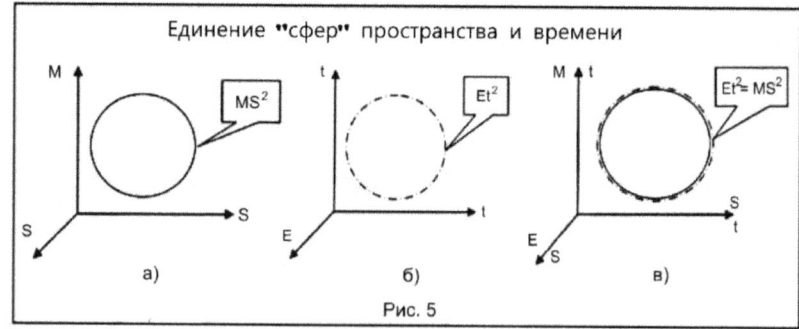

Рис. 5

сила гравитации, заряды материй, начальные фазы квантов, понятия жизни и смерти. Посмотрите на рисунок 5а, на нём представлена система из трёх координат. Она описывает некоторый «объём» материи M_sS^2 в пространстве, пусть пока неподвижный. Здесь нет ничего сверхъестественного. Это обычная декартовая система из трёх координат, две из которых образуют «плоскость» пространства S^2, а третья координата указывает на величину материи M_s.

Ранее нам удалось понять, что плоскости пространства и времени взаимно-перпендикулярны, а также оси материальных и энергетических сил взаимно-перпендикулярны, тождественно электрическим и магнитным силам кванта света. Давайте теперь построим новую систему координат с «плоскостью» времени t^2 и осью величины энергии E_s. Мы получим (рисунок 5б) планетарное энергетическое тело E_st^2, то же пока неподвижное во времени. Здесь ничего нового относительно рисунка 5а мы не получили.

Теперь попытаемся осуществить соединение «плоскостей» пространства с материей со временем и его энергией для чего смоделируем их общую систему координат (рисунок 5в). У нас получилось наложение этих двух координатных систем и их тел.

Конечно, это не совсем правильно, т.к. сама система таких координат будет соответствовать четвёртому измерению, а мы её представили третьим измерением. Такую систему невозможно отобразить на плоском рисунке. Они обе будут сложным образом взаимодействовать между собой. Возможно, энергетическая система координат будет вращаться относительно материальной со скоростью C^2, согласно формуле [1] Эйнштейна и наоборот, и при этом у них, возможно, не будет совмещённых нулевых значений.

Теперь пойдём дальше и для лучшего представления пространственных и временных тел возьмём для простоты понимания подобие солнечной системы только пока ещё с одной вращающейся вокруг Солнца планетой. Материально в пространстве (рисунок 6а) это выглядит так: Солнце находится в центре, а планета вращается вокруг него в образованном пространстве в материальной системе координат. Всё, вроде бы понятно относительно нашего материального пространства, где Солнце находится в центре,

Часть 1.Закономерности мироздания вселенной

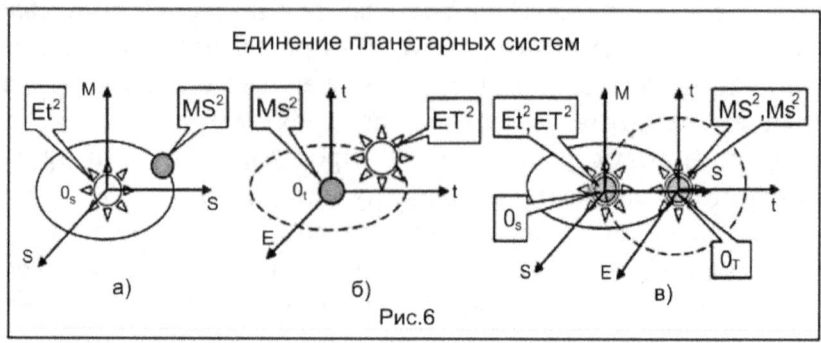

Рис.6

а планета вращается вокруг него. Теперь попробуем смоделировать такую же систему в «плоскости» Времени.

Во временной системе координат (рисунок 6б) отсутствует «плоскость» пространства, но там есть «плоскость» Времени. Значит, наша планета должна оказаться в центре этой системы, т.к. пространство, где она вращалась отсутствует, там его просто нет. Наше Солнце – это энергия во Времени, и оно должно вращаться вокруг удалённого центра. Это будет зеркальное отображение пространственной системы. Можно поэтому предположить то, что Солнце должно вращаться в «плоскости» Времени, как наша планета – в пространстве.

Получается очень интересная картина: Солнце вращается вокруг нашей планеты; Земля находится в центре энергетической временной системе координат. Правыми могут оказаться и те, кто утверждал, что Земля вращается вокруг Солнца, и те – что Солнце вращается вокруг Земли. Этот процесс проходит, пожалуй, одновременно.

Давайте попробуем соединить эти две системы в одну (рисунок 6в). Нам трудно представить себе одновременный процесс вращения планеты Земля и Солнца вокруг друг друга, нахождения их при этом в центре системы и вращения вокруг него. Если Пространство имеет три измерения и система Времени имеет свои три измерения, то их соединение даёт уже четвёртое, если не бóльшее, измерение. Получается очень интересная картина и она выглядит довольно правдоподобно.

Теперь попробуем решить задачу со знаками пространства и времени. Для чего возьмём Пространство, оно несколько ближе нам, и предположим, что пространство, в котором мы живём, для нас положительное, хотя это относительно и оно также может быть отрицательным, если рассмотреть его относительно другой точки отсчёта. Знак Пространства определяет направление вращения планеты и не долее того. Оно вращается вместе с нашей планетой Земля вокруг удалённого центра. Попробуйте теперь представить себе отрицательное пространство.

Почему мы вдруг о нём заговорили? Отрицательное пространство должно вращаться в другую сторону относительно положительного пространства. Обычно переход из отрицательных в положительные значения и наоборот сопровождается переходом через нулевые и, как нам удалось понять, бесконечные значения данной системы. Это значит, для того чтобы перейти из положительного в отрицательное пространство, нам надо или пересечь нулевую отметку пространств, «точку» их соединения, или их бесконечности. Должна существовать нулевая точка обоих пространств, соединяющая их, и они, как бы, распространяются из неё, только положительное пространство вращается в одну сторону, а отрицательное – в другую. Они могут одновременно или расширяться, или сжиматься.

Точно такой же принцип заложен и во Времени. Всё выше сказанное соответствует и ему. Только частицы у него энергетические и плоскость вращения – перпендикулярна плоскости Пространства. Это представление у нас получилось более символическим, чем реальным, и нам предстоит его более подробно исследовать.

Вращение частицы Материи

Давайте оставим наши плоскости пока в покое и попытаемся более подробно понять принципы вращения частиц между Пространством и Временем. Эти круговороты помогут нам глубже проникнуть в тайны нашей жизни, жизни живых существ и планетарных систем. Они помогут нам исследовать структуры планетарных тел и их принципы вращений между Пространством и Временем.

Часть 1. Закономерности мироздания вселенной

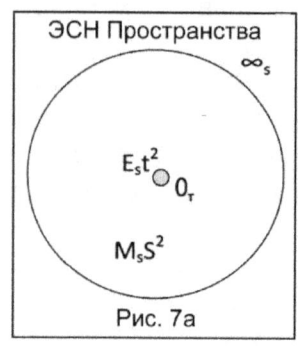
Рис. 7а

Итак, при исследовании формулы Эйнштейна, мы пришли к выводу, что существует «сфера» Пространства, в которой «работает» эта развёрнутая формула [7]. В центре этой «сферы» оказывается сгусток материальной энергии во времени – $E_s t^2$, а внутри «сферы» – материя в пространстве – $M_s S^2$ (рисунок 7а). В самом центре сферы Пространства должна находиться нулевая точка его времени, которую мы обозначим – 0_T, внутри которой сосредотачивается вся материальная энергия во времени $E_s t^2$ и в ней нет пространства. Материя M_s располагается в пространстве S^2 до её границы, которую мы обозначим, как бесконечность пространства – ∞_s. Нулевая точка времени (0_T) предположительно является одним из полюсов некоторого Источника, который создаёт и поддерживает эту систему.

Этот полюс имеет определённый знак состояния, несмотря на то, что эта точка является нулевой точкой, она всё же имеет определённый заряд материальной энергии во времени. А если это так, то должна быть полная её противоположность и возникает такое понятие как нулевая точка пространства (0_s), которая должна бы являться вторым полюсом этого источника. На рисунке 7а в этой пространственной «сфере» мы пока её не наблюдаем. В ней возможным вторым полюсом Источника будет граница бесконечности пространства (∞_s). Бесконечность пространства и ноль времени, как его минимальная бесконечность, – два полюса Источника, имеющие разную полярность, через которые возможно возникновение некоего разряда энергии и перетекания частиц.

Наша пространственная система (рисунок 7а) возникает из нулевой точки времени (0_T), внутри которой расположилась энергетический сгусток времени ($E_s t^2$). Он для своего существования получает энергию из этой нулевой точки, но т.к. у нас «работает» формула Эйнштейна, то эта энергия, в дальнейшем останавливаясь, переходит в материю Пространства ($M_s S^2$), и «заполняет» собой всю «сферу»

Пространства. Должно сохраняться их равенство, согласно формуле [7].

Если внимательно присмотреться к рисунку 7а, то можно сказать, что энергетический сгусток времени – это, как пример, Солнце, а пространство вокруг него – его планетарная система Пространства, только материя в ней не распылена по всей её «сфере», а собрана на определённых уровнях в пространственных планетах системы, например, Меркурий, Венера и т.д. Конечно, наш рисунок 7а сильно упрощён, но можно представить себе, что внутри этой материальной системы находятся все планеты солнечной системы.

Вывод можно сделать такой, что солнечная система, точно так же, должна иметь в своём центре нулевую точку времени, внутри которой располагается, как энергетический сгусток времени, планета времени Солнце. Она, возможно, вогнутая планета пустотелая внутри, являющееся преобразователем энергии Времени в материю Пространства планетарной системы. Огонь Солнца – это не что иное, как переход энергетических частиц Времени в материальные частицы Пространства.

Сейчас мы предположили природу солнечного огня, как преобразующего Время в Пространство, энергию в материю, при этом образуется процесс горения: частицы энергии «сгорают», останавливаясь и отдавая свою энергию,

Рис. 7б

и становятся частицами материи. В исследовании этой же гениальной формулы Эйнштейна нам удалось понять, что вполне возможно и существование «сферы» Времени, зеркальной «сфере» Пространства. С этой целью мы получили формулу [10]. Давайте и здесь попробуем представить «сферу» Времени на подобном рисунке 7б.

В центре «сферы» мы имеем нулевую точку пространства (0_s), внутри которой расположился материальный сгусток пространства ($M_T s^2$). Всё остальное время «сферы» занимает энергия во времени ($E_T T^2$). Границей «сферы» Времени является, как бы, её бесконечность времени

($\infty_т$). Так же и здесь, во Времени, образовались два полюса Источника, только его полярность будет зеркальной знаку Источника Пространства.

Принцип «работы» во Времени получается такой: частицы Пространства, через нулевую точку пространства (0_s) переходит в «сферу» Времени. «Преобразователем» здесь является пространственная планета в центре этой «сферы», материальный сгусток пространства, которая должна располагаться внутри нулевой точки пространства. Через неё частицы Пространства преобразуется в частицы Времени, и мы получаем энергетическую планетарную систему «сферы» Времени, зеркальную солнечной системе.

«Сфера» Времени должна иметь в своём центре пространственную планету. Мы с очень большой уверенностью можем предположить, что этой планетой ($M_тS^2$) может являться наша пространственная планета Земля. Здесь, как раз, возникает такое фантастическое предположение о том, что планета Земля не является планетой пространственной солнечной системы, которую мы наблюдаем в нашем небе. Во внутреннем центре планеты должна находиться нулевая точка времени (0_s). Она должна ей быть сама.

Наши предположения относительно «сфер» Пространства и Времени нашли подтверждение в строении солнечной системы. В ней нам удалось найти две, пока ещё не соединённые нами в единую планетарную систему, «сферы».

Рис. 7в

Теперь осталось только совместить рисунки 7а и 7б, соединив их в единое целое, и далее попытаться определиться с перетеканием материй и энергий, времени и пространства между «сферами» Пространства, и Времени.

Такое решение о единстве систем мы можем наблюдать на рисунке 7в. «Сфера» Времени располагается (вращается) относительно «сферы» Пространства перпендикулярно ему, причём мы совместили для большей наглядности бесконечности с нулевыми точками.

Для того, чтобы рассмотреть процесс перетекания частиц, нам сначала надо определиться с бесконечностями и нулевыми ночками. В нашем случае получается, что бесконечность пространства при смене плоскости «сферы» с Пространства на Время становится нулевой точкой пространства: $\infty_s(S) \to 0_s(T)$ (это одно и то же), а бесконечность времени (Т) – нулевой точкой времени $\infty_T \to 0_T$ (S), и наоборот.

В каждой «сфере» образуется, как бы, два полюса Источника: один полюс – это бесконечность (граница системы); второй полюс – это нулевая точка системы. Между этими полюсами перетекают частицы, пространство и время. Давайте по рисунку 7в проследим такой круговорот частицы внутри этой системы из двух «сфер». Начнём отсчёт этого круговорота с нулевой точки времени (0_T).

Итак, частица энергии со скоростью C^2, переходя из нулевой точки времени в плоскость пространства «сферы» Пространства. далее она начинает тормозиться в нём, отдавая свою энергию и постепенно превращаясь в остановленную частицу материи. Основное торможение происходит около нулевой точки времени, здесь-то и формируется энергетическая планета $E_s t^2$, но частица, предположительно, тормозится только до скорости света – С, и продолжает движение внутри планетарной системы в виде обычного света. Ещё некоторое время частица продолжает двигаться, пока не достигнет какого-либо пространственного материального тела или границы пространства системы, где она полностью останавливается и становится материальной частицей.

Предположим, что наступает такой момент, когда система, как бы, опрокидывается и начинает разрушаться. После такой «смерти» системы материя начинает разлагаться и материальная частица, в конце концов, достигает границы системы, точки бесконечности (∞_s) и оказывается уже в нулевой точке пространства (0_s) уже «сферы» Времени. Чтобы снова ей стать энергетической частицей она должна теперь разогнаться до скорости C², а для этого ей уже будет нужна энергия. Это и происходит в «сфере» Времени. Нулевая точка пространства, в нашем случае, получается, возможно, при взгляде из пространства, «чёрной дырой».

Представьте себе, что нам надо разогнать частицу до скорости квадрата скорости света. Для этой цели нам надо где-то взять энергию. Частица берёт эту энергию из «сферы» Времени. Т.к. основной разгон частицы осуществляется около её нулевой точки, то главный отбор энергии для неё осуществляется именно здесь. Если частица излучает энергию, то она светится, а если она поглощает её, то становится тёмной. Если таких частиц очень большое количество, то вся «сфера» Времени будет поглощать свет, т.е. будет тёмной. Всё наше тёмное небо – это, возможно, и есть «сфера» Времени, только чего и какой системы?

Возникает интересная картина образования материальной планеты в центре «сферы» Времени. Образуется некоторая, как бы, кристаллизация и очень сильное сжатие материи в центре системы до разгона её частиц, но в этой «сфере» мы имеем зеркальное отражение всех свойств материи и энергии, пространства и времени. Земля – это не что иное, как пространственная планета, которая является центром «сферы» Времени, и она, как Солнце, будет являться преобразователем частиц Пространства в частицы Времени. Она будет являться, как бы, Солнцем наоборот.

Материальная частица от нашей планеты начинает разгоняться и переходит в «сферу» Времени. Образуется нечто подобное термоядерной оболочке нашего Солнца, где частица уже будет иметь скорость света – C. Это уже будет обычный свет, только в плоскости Времени он меняет свои характеристики на зеркальные и становиться тьмой. Далее, эта частица продолжает разгоняться до квадрата скорости света – C², пока не достигнет своей планеты в планетарной системе Времени или границы её бесконечности.

Наша картина относительно «сферы» Времени получается точно такой же, как и в «сфере» Пространства. В конечном итоге наша частица, продолжая свой круговорот, также достигает бесконечности времени ($\infty_т$) и снова переходит в нулевую точку времени (0т) «сферы» Пространства. Наша цель достигнута, и круговорот одной и той же частицы в пространстве и времени закончен.

Конечно, это опять очень упрощённая схема и есть возможность обратного вращения частиц. И такой круговорот имеет право на существование. Мы показали только возможность существования частиц в обеих «сферах», и доказали такую возможность существования двух планетарных систем Пространства и Времени одновременно. Давайте рассмотрим наши предположения на основе имеющихся научных данных о солнечной системе.

Земля не является планетой солнечной системы

Итак, наша солнечная система – пространственная. Во всяком случае, мы называем это положительным пространством. Мы ранее сделали предположение, что Земля не является планетой солнечной системы и нам необходимо или его подтвердить, или опровергнуть. Давайте с этой целью приведём ориентировочную таблицу орбитальных данных по её планетам (таблица 4).

Таблица 4

Параметры планет солнечной системы			
Планета	Масса объекта ($*10^{24}$кг)	Среднее расстояние до Солнца ($*10^9$ м). В скобках перигелий/афелий.	Приблизительное «квантование орбит» ($*10^9$ м)
Меркурий	0.3302	57.91 (46.00/69.82)	50
Венера	4.8685	108.21 (107.48/108.94)	100
Земля	*5.9736*	*149.60 (147.09/152.10)*	*150*
Марс	0.64185	227.92 (206.62/249.23)	200
Фаэтон?	...	400 (?)	400 (?)
Юпитер	1 898.6	778.57 (740.52/816.62)	800
Сатурн	568.46	1433.53 (1352.55/1514.50)	1600
Уран	86.832	2872.46 (2741.30/3003.62)	3200
Нептун	102.43	4495.06 (4444.45/4545.67)	—
Плутон	0.0125	5869.66 (4434.99/7304.33)	6400

При анализе орбитальных параметров планет солнечной системы можно сделать определённые выводы:
- Образуются две группы планет по четыре планеты в каждой, в которые входят:
    1. Меркурий, Венера, Земля, Марс;
    2. Юпитер, Сатурн, Уран, Нептун.
- Эти два семейства вроде бы имеют разные уровни «квантования» орбит:
    - Первое семейство имеет приблизительную разность между соседними орбитами $50*10^9$ метров – арифметическую прогрессию орбит;
    - Второе семейство имеет удвоение расстояния между орбитами соседних планет – геометрическую прогрессию орбит.
- Все планеты солнечной системы обращаются вокруг Солнца по эллиптическим орбитам.
- Все планеты движутся вокруг Солнца в одной и той же плоскости, называемой плоскостью эклиптики и вращаются в одну и ту же сторону.
- Существует пояс астероидов между орбитами Марса и Юпитера.

Здесь приведены те выводы, которые нам понадобятся при исследовании строения солнечной системы.

Пояс астероидов – это, возможно, бывшая планета Фаэтон, которая каким-то образом оказалась разрушенной. Она должна находиться между двумя группами планет, и «прочертила», как бы, границу между ними (?). Последняя в нашей системе планета Плутон не вписывается ни в какие закономерности. Можно по ней сделать вывод, что она, предположительно, «чужая» планета или в системе находится не на том месте. Планета Нептун оказалась смещённой со своей орбиты и должна бы занимать орбиту Плутона. Возможно, Плутону удалось сильным ударом сдвинуть планету Нептун на более низкую орбиту, а самому остаться на его месте. Солнечная система, конечно, не является идеальной по своему строению, т.к. уже прожила определённую «жизнь» и была «потрёпана» ею.

Внутри неё ближе к Солнцу находится первое семейство планет, более мелких, а к внешней её стороне примыкают гиганты, которые образуют, как бы, щит для первого семейства планет. Научных материалов по солнечной системе и её планетам довольно много и их описание было бы продолжительным. Нам нет необходимости описывать её и уже можно сделать определённые выводы и предположения из тех данных, которые мы уже привели.

Мы обнаружили, что орбиты наших планет, приблизительно, квантованные, как в атоме. Это квантование довольно интересно, т.к. оно поделило все орбиты на две группы:
- первая группа планет имеет арифметическую прогрессию расстояний до Солнца, которая возрастает по мере номера орбиты с 1 по 4. Расстояния между орбитами намного меньше, чем во второй группе;
- вторая группа планет имеет орбиты, возрастающие в геометрической прогрессии расстояний до Солнца, и эти расстояния между орбитами планет – намного шире, чем в первой группе, а планеты – массивней.

Теперь давайте предположим, что Земля не является планетой солнечной системы, и даже в легендах, существовала ещё одна планета в этой системе – это планета Фаэтон. В этом случае, наше «квантование» орбит планет первой группы без планеты Земля полностью получает такую же геометрическую прогрессию, как у планет второй группы, что указано в таблице 4.

Конечно, орбиты некоторых планет немного не дотягивают до этой прогрессии, но здесь, возможно, могла сказаться трагедия при столкновении Плутона и Нептуна, и её отголоски могли оказать влияние на расположение орбит Сатурна и Урана в системе, да ещё трагедия планеты Фаэтон могла сказаться на его соседях.

Предполагаемая солнечная система схематично отображена на рисунке 8. На нём мы исключили Землю из системы, и восстановили из «пепла» планету Фаэтон. Так, возможно, выглядела ранее пространственная, планетарная, солнечная система. Пояс термоядерных реакций и есть то

Часть 1.Закономерности мироздания вселенной

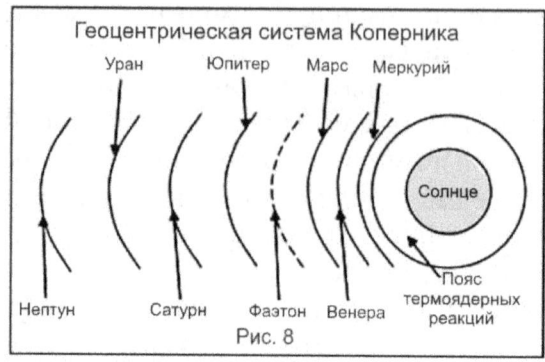

Рис. 8

место, где происходит основное торможение энергетических частиц, приходящих из «сферы» Времени и становящихся далее обычным светом — это наше Солнце.

Попробуем теперь перейти к «сфере» Времени, в центре которой находится планета Земля. Оказывается, что уже существует такая модель нашей солнечной системы, которая ставит Землю в центр вращения, а Солнце на её орбиту — это геоцентрическая система Птолемея (рисунок 9). Она представляет собой планетарную систему, которая показывает нам Землю в центре системы, а Солнце —

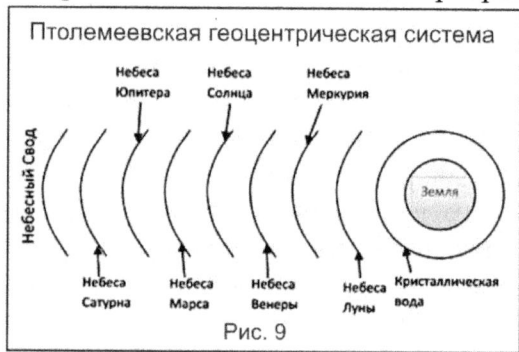

Рис. 9

четвёртой планетой (7). Получается, что в ней Солнце вращается уже вокруг Земли.

В центре геоцентрической системы Птолемея мы видим планету Земля, вокруг которой находится кристаллическая вода. Что под ней подразумевается нам пока не совсем ясно, но возможно, это и есть та кристаллизация, которая возникает при возрастании скорости материальных частиц до скорости света, о которой мы говорили ранее. Далее показаны орбиты всех остальных планет солнечной системы. Четвёртое место в этом списке занимает планета Солнце. Только вместо планет там обозначены их «небеса», т.е. «пустые» вогнутые планеты с «небесами» внутри них. Чтобы бы это могло значить?

Птолемеевская геоцентрическая система описана относительно нашего пространства, а это, всё же, система Времени, в которой всё отражается зеркально Пространству. Если в Пространстве мы имеем «сгустки» материи в виде планет, то в системе Времени это будет уже «пустые» планеты с «небесами» внутри. Если наши планеты считать выпуклыми, то планеты времени получается вогнутыми, и поэтому они обозначены на рисунке как небеса планет.

Очень интересное предположение возникло с кристаллической водой. Если в пространстве мы имеем, как бы, пояс термоядерных реакций вокруг его нулевой точки то, что мы будем иметь в виде зеркального отражения его в «сфере» Времени? Там будет точно такой же пояс, с такими же температурами, только, возможно, отрицательными. Мы получаем кристаллическую материю вокруг Земли. Она имеет отношение ко Времени и нам в пространстве пока никак не видна, если только величиной отрицательных температур в ближайшем Космосе.

Пойдём далее в наших размышлениях и попытаемся найти «сферу» Времени в солнечной системе, в нашем Пространстве. Если Солнце освещает светом нашу планетарную систему Пространства, то её зеркальное отображение в «сфере» Времени будет всё тёмное небо. Тёмное небо, возможно, и есть планетарная система Времени. Если свет имеет знак плюс, то тьма имеет знак минус, поэтому наши космонавты в космосе очень чётко наблюдали ярко светящийся диск Солнца, а вокруг него густую темноту без каких-либо переходных теней.

Мы уже имеем в науке интересующие нас сведения, говорящие о Солнце как о центре времени гелиоцентрической системы Коперника. Одна из наиболее интересных теорий принадлежит советскому астроному Н.А. Козыреву, который доказывал, что источником энергии звёзд является... само Время.

По теории Козырева, которая, кстати, была подтверждена множеством оригинальных экспериментов, Время – сложный физический объект, обладающий материальными характеристиками, в частности энергией. Одно из его проявлений – излучение, названное Козыревым "действием времени": «Это излучение можно регистрировать чувствительными механическими системами (крутильные весы и т.п.), оно отражается от зеркальных поверхностей по законам геометрической оптики, что позволяет использовать для наблюдений обычные зеркальные телескопы. А так как время не движется, а появляется сразу во всей вселенной, то информация распространяется мгновенно – быстрее света (возможно, как в наших предположениях – C^2). Поэтому так можно регистрировать не только видимые положения светил (где они были, когда испускали свет, лишь сейчас дошедший до Земли), а истинные, где они находятся сейчас физически. Невероятно, но результаты прекрасно согласуются с прогнозами, основанными на наблюдении видимого положения светил и их движения...

Если Солнце не "сжигает" никакого "горючего", а "светит" за счёт вечного и вездесущего времени, то и в будущем его не ждёт никаких катастроф, неизбежных при термоядерном объяснении».

Эта теория подтверждает наши предположения о том, что Солнце – это энергетическая планета времени, у которой отсутствует пространство, в результате чего оно оказывается в центре Пространства. Можно также предположить, что когда закончится перетекающее время в «сфере» Времени, то Солнце может погаснуть, а система или умереть, или существовать вечно.

Нам осталось для полноты рассмотрения этого вопроса соединить две системы гелиоцентрическую (Пространства) и геоцентрическую (Времени) вместе. Мы получим точно такую же картину, какая схематично показана на рисунке 7в. Как будут располагаться совмещённые планеты Пространства с планетами Времени нам остаётся только гадать, но, опережая события можно сказать, что пространственные планеты окажутся внутри планет времени или наоборот.

Психотерапевты и экстрасенсы, изучая психическое состояние человека, рисуют его астрального двойника вверх ногами относительно пространственного тела. Если мы ходим по поверхности пространственной планеты, то наш астральный разумный двойник ходит по поверхности планеты

Глава III. Взаимодействие между Пространством и Временем

времени. Это косвенно подтверждает их единое пространственно-временное представление в единой солнечной системе.

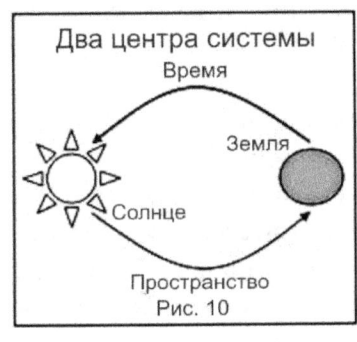

Рис. 10. Два центра системы

На рисунке 10 мы видим такой своеобразный круговорот частиц между двумя «сферами» Пространства и Времени. Солнечная гелиоцентрическая система имеет отношение к «сфере» Пространства, а геоцентрическая система Земли – к «сфере Времени». У нас возникло предположение, что в «сфере» Пространства могут существовать свои внутренние система пространства и система времени, только мы основной будем считать в ней систему Пространства. В «сфере» Времени, так же будут существовать внутренние система времени и система пространства, только основной будет система Времени. Пока это очень трудно уловить, но мы выявили некое *большее* Пространство относительно нашей планетарной солнечной системы, а значит должно существовать и *большее* Время.

Если система Солнца – система «мужская», то система Земли – «женская». Их соединение, которые мы видим на рисунке 10, можно назвать «семьёй». На самом деле это так и есть и между ними возникает круговорот энергии и материи. Наши солнечные магнитные бури, это и есть та ответная реакция Солнца на точно такое же воздействие Земли на него и наоборот. Воздействие Земли на Солнце будет для нас первичнее. Оно должно быть зеркальным и, возможно, это уже будут, вместо магнитных, электрические бури (?).

Итак, сделаем небольшой вывод: в результате нашего моделирования нам удалось сделать предположение о том, что центр времени Солнце вращается вокруг нулевой точки пространства «сферы» Времени по орбите нашей планеты Земля, как в геоцентрической системе Птолемея. Центр пространства Земля вращается вокруг нулевой точки времени в «сфере» Пространства по орбите «небес» Солнца, как в гелиоцентрической системе Коперника. Такое сложное вращение происходит одновременно. Такой круговорот энергий и материй в системах вроде бы должен вращаться бесконечно долго – вечно, если нет препятствий для перетекания этих энергий и материй. В Космосе отсутствует инерция, которая также способствует вечной жизни этой системы, но почему-то мы всё время говорим о её смерти.

Что не даёт системе и нам жить вечно?

Прежде чем ответить на такой вопрос нам придётся понять все возможные круговороты материй и энергий в системах Пространства и Времени нашего большего Пространства вселенной. То, что мы попытались понять сейчас, только малая часть такого большого процесса.

Почему светит наше Солнце?

Мы, ранее, уже рассмотрели гелиоцентрическую и геоцентрическую планетарные системы, и даже попытались соединить их вместе, назвав «семьёй». По отдельности каждая из этих планетарных систем получается вроде бы ясной и понятной, но как только мы пытаемся соединить их вместе, то возникает множество новых вопросов, которые ставят под сомнение правильность нашего моделирования этих систем. Давайте попытаемся досконально разобраться в этом.

Итак, гелиоцентрическая система – пространственная система, обозначим её – S, которая принадлежит Пространству. Геоцентрическая система – это система времени, обозначим её – Т, которая принадлежит Времени и «располагается» в нём. Это будут, предположительно, две системы некоей единой солнечной системы.

Мы получили две взаимно-перпендикулярные планетарные системы, которые имеют отношение, одна – к пространству, другая – ко времени. Как мы ранее поняли из формулы [7], внутри Пространства должны иметь место две разнознаковые системы пространства S и две разнознаковые системы внутреннего времени t. Геоцентрическая планетарная системы Земли также имеет в своём составе две разнознаковые системы времени Т и две разнознаковые системы внутреннего пространства s. Мы здесь вправе говорить о возникшем круговороте между этими системами, а значит, это могут быть разноуровневые круговороты между S – T, и t – s.

Взаимодействие S и t, а также T и s между собой мы уже, вроде бы, определили в формулах [7] и [10] соответственно, хотя такое взаимодействие пока реально увидеть и описать не смогли. Мы их не видим в наших бо́льших планетарных системах, но может быть, они проявят себя в атомных системах, которые уже сформировались полностью? Давайте сначала мы определимся с нашими бо́льшими взаимодействиями в геоцентрической и гелиоцентрической планетарных системах, о которых мы имеем знания.

Нам необходимо будет понять, как внутри каждой «сферы» взаимодействуют между собой бо́льшие системы S и T «сфер» Пространства и Времени и как взаимодействуют между собой меньшие системы t и s этих же «сфер»? Как только мы это поймём, то мы поймём, как их соединить между собой.

Эти две системы пока получаются у нас полностью независимыми друг от друга и существующими, как бы, самостоятельно, но между ними есть некоторые взаимоотношения, определяемые внешними законами взаимодействия «сфер». Чтобы понять эти законы взаимодействия «сфер», нам надо попытаться сначала ответить на новый вопрос: откуда берётся то время, которое сгорает в Солнце – нулевой точке времени пространственной солнечной системы? Солнце светит до тех пор, пока это Время преобразуется в Пространство, но откуда оно берётся? Если нам удастся ответить на этот вопрос, то тогда мы сможем понять взаимодействие этих планетарных систем.

Геоцентрическая система Земли, хотя она и система Времени, никакого отношения ко времени Солнца не должна иметь, потому что она точно так же, как и пространственная, растёт в параметрах времени и явно получает частицы, но не отдаёт их. Тогда, откуда же берётся это время, которое, сгорая, даёт нам жизнь и заставляет Солнце светить?

Ранее мы утверждали, что существует «сфера» Пространства, которая может иметь четыре внутренние планетарные системы пространства и времени (S, -S, t, -t) – это гелиоцентрическая система Коперника. Она взаимодействует со «сферой» Времени, которая имеет свои четыре внутренние планетарные системы времени и пространства (T, -T, s, -s) – это геоцентрическая система Птолемея. Давайте «сферу» Пространства обозначим как S_s, а «сферу» Времени – как T_s. Обе эти «сферы» – S_s и T_s должны располагаться, как мы видим, в каком-то большем и едином для них Пространстве, поэтому мы их отметили как пространственные. Это будет исходное состояние планетарных систем.

Это более «расширенное» Пространство, которое является единым для этих двух «сфер», мы обозначим как S_{s+1}. Оно должно их вмещать в себя. Это будет внешнее большее Пространство для внутренних «сфер» S_s и T_s. Но если возникло новое Пространство S_{s+1}, то относительно него обязательно должно существовать и некое большее Время $T_{т+1}$ и в нём также должны иметь место свои $T_т$ и $S_т$. Мы специально поменяли местами обозначения времени и пространства, т.к. уже имеем в наличии большую «сферу» Времени $T_{т+1}$. В этой «сфере» всё отражается зеркально «сфере» Пространства S_{s+1}.

Чтобы этот вопрос стал нам более понятен, мы пока оставим для исследования только одну систему – гелиоцентрическую солнечную систему, а геоцентрическую систему вместе с планетой Земля уберём из нашего поля зрения. Тут же возник вопрос: а будет ли светить наше Солнце в этом случае? Если будет, то, откуда и какое время тогда возникает в его нулевой точке времени?

Давайте рассмотрим жизнь гелиоцентрической системы с позиции жизни человека и предположим при этом, что циклы жизни человека и планетарной системы совпадают. Тогда мы должны получить четыре ступени «жизни» планетарной системы: рождение в Пространстве S_{s+1}; жизнь в Пространстве S_{s+1}; смерть с переходом во Время $T_{т+1}$; жизнь после смерти во Времени $T_{т+1}$. Далее следует новое рождение в Пространстве S_{s+1}.

Наш цикл замкнулся, и мы получили некоторый возможный круговорот «жизни» планетарной системы. Это соответствует таблице 3, описанному в ней круговороту материй и энергий, времени и пространства. Мы не будем брать пока во внимание переходные ступени в этом круговороте «жизни» планетарной системы: рождение и смерть, а остановимся подробнее на «жизни» в Пространстве и «жизни после смерти» во Времени.

Жизнь гелиоцентрической системы – это одновременное расширение материи (M_s) в пространстве (S, -S) и энергии (E_s) во времени (t, -t) в «сфере» большего Пространства S_s. В данном случае наполняется формула [7] «сферы» Пространства таблицы 3. Тогда формула [10] «сферы» Времени $T_т$ той же таблицы должна быть уже чем-то наполнена, т.к. из неё частицы вместе со временем и пространством перетекают в Пространство S_s, но только из какой «сферы» Времени? Почему мы взяли «сферу» Времени $T_т$?

Всё дело в том, что геоцентрическая система T_s расширяется вместе с гелиоцентрической системой S_s и никак в данном случае не может быть источником времени. Она сама так же откуда-то получает свою энергию для расширения, возможно из пространства $S_т$. Так что наша «родная» геоцентрическая система с планетой Земля T_s, находящаяся в Пространстве S_{s+1}, никакого отношения к нашему Солнцу не имеет. К его горению имеет отношение другая система $T_т$, которая располагается во Времени $T_{т+1}$.

Энергия времени «сферы» Времени $T_т$ должна быть той энергией нашего Солнца, которая поддерживает его горение. Если сказать обобщённо, то частицы «сферы» Времени $T_т$ перетекает в «сферы» Пространства S_s. Тогда возникает новый вопрос: откуда берётся это Время или частицы в «сфере» Времени $T_т$, которая затем переходит в Пространство S_s и наоборот?

Давайте предположим, что у нас уже планетарная система прошла один цикл вращения в таблице 3 и сейчас она подошла к окончанию «жизни» во Времени. «Сфера» Времени $T_т$ оказывается наполненной частицами (не будем пока уточнять их свойства). Далее наступает новое рождение в Пространстве S_s. Что происходит с нашей старой системой во Времени – T_T? Она должна «умереть» во Времени и «родится» в Пространстве. Происходит какое-то переключение «сфер», и система во Времени начинает умирать, разлагаясь. Тогда её внутренние времена и пространства начинают сворачиваться, меняя знак своего состояния и отдавая частицы. Здесь нужно обязательно уточнить, что, рассматриваемая нами, «сфера» Пространства S_s располагается в Пространстве S_{s+1}, а «сфера» Времени T_T – во Времени T_{T+1}.

В Пространстве S_{s+1} в его нулевой точке начинает рождаться новая пространственная система S_s. Через её нулевую точку начинает перетекать Время T_T (T_{T+1}) в Пространство S_s (S_{s+1}). В «сфере» Пространства S_s начинается расширение внутренних пространств и времени (S, -S, t, -t). Гелиоцентрическая система начинает расти и возникает пространственная «жизнь». Затем возникает следующая ступень, следующий цикл и т.д. по кругу таблицы 3. Получается, что энергию Солнцу дают внутренние системы (T, -T, s, -s) «сферы» Времени T_T (T_{T+1}), которые, сворачиваясь, отдают ему свою энергию и частицы. Но это может быть и не так, но пока оставим это предположение в действии.

Сейчас мы пришли к тому, что совершенно непонятно, откуда возникли частицы во Времени T_T (T_{T+1}), которые затем переходят в Пространство S_s (S_{s+1})? Возникает тот же вопрос с курицей: что возникло сначала, яйцо или курица, Время или Пространство?

Эволюция планетарных систем представляется нами как расширяющаяся вселенная: вдруг кто-то зажёг Источник Света, и Он начал, расширяясь, светить, создавая планетарные системы в Пространстве и Времени. Оставим пока вопрос появления вселенной без ответа, т.к. он требует более детального рассмотрения. Ведь зачем-то эти циклы вращения «жизни» между этими «сферами» существуют?

У нас пока получилось четыре планетарных системы в «сфере» Пространства S_s (S, -S, t, -t) и столько же в «сфере» Времени T_s (T, -T, s, -s). Где и как располагаются в нашей видимой солнечной системе (S) эти ещё семь планетарных систем, кроме неё самой? Во всяком случае, кроме ещё одной планетарной системы Земли (T), остальные шесть нам совсем не видны. Существуют ли они вообще или это только наше формульное воображение делает их реальными?

В гелиоцентрической системе (S_s) мы считаем пространство (S) расширяющимся. Давайте представим теперь такую же систему, которая будет иметь отрицательные параметры (-S), причём плоскости вращения пространственных систем будут в одной и той же плоскости. Здесь мы впадаем в слабость нашего языка: ранее мы определились, что положительное и отрицательное пространства одновременно расширяются, но имеют разные знаки направления вращения, и их векторы будут одинаково направленными в сторону расширения.

Обе пространственные системы будут одновременно расширяться, но их вращение относительно друг друга будет встречным. Если система положительного пространства расширяется из прошлого будущего, как у нас, то система отрицательного пространства расширяется, что для нас нонсенс, из будущего в прошлое, т.е. встречно, но она также расширяется. Их встреча или точка единения — настоящее.

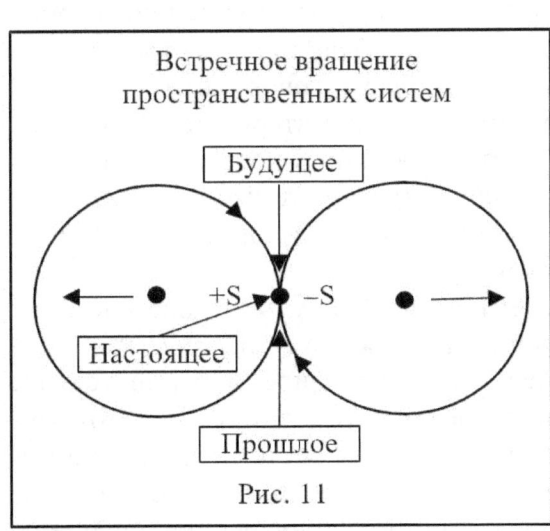

Рис. 11

Трудно описать четырёхмерные и более системы трёхмерным языком. Нашего воображения уже не хватает, чтобы представить себе эти системы вместе. Давайте для этого изобразим их на рисунке 11. Обе системы пространства связаны с положительным вектором расширения. Система с положительным знаком вращения эволюционирует из прошлого в будущее, а система отрицательного пространства — из будущего в прошлое. Эти системы, возможно в этом случае, имеют точку единения через настоящее. Оно в обоих системах получается одним и тем же, но мы пока не станем разбирать его структуру. Встречное вращение двух квантов пространства дают нам, как раз, материальную частицу в настоящем. Их встречная скорость будет равна единице. В нём мы получаем, как бы, всего одну пространственную систему, видимую нам, а другая система оказывается скрытой от нас. Хотя на самом деле, мы видим только их единое настоящее. Это то, что касается разнозначных пространственных систем.

Мы ранее, в результате наших умозаключений, получили ещё две системы, которые должны находиться в этой «сфере» Пространства (S_s): положительного времени (t) и отрицательного времени (-t), находящиеся в его внутренней структуре, но взаимно-перпендикулярные его пространственной плоскости. Хотя это две разнознаковые системы времени, но они сильно связаны между собой. Они будут иметь точно такое же расположение, как пространственных систем, показанных на рисунке 11, но будут относительно их находиться в перпендикулярной плоскости. Их вращение уже будет не встречным, а последовательным, что позволяет говорить о квадрате скорости света и получении частиц материальной энергии. Точкой единения этих систем времени в настоящем является Солнце, т.к. они находятся в нулевой точке этой системы Пространства. Точно такая же ситуация обстоит с геоцентрической системой Времени.

Мы получили интересный результат: обе системы: геоцентрическая и гелиоцентрическая внутри себя, как бы, – двойные, если не более. Положительное и отрицательное пространства (S, -S) соединяются друг с другом в настоящем, образуя единую гелиоцентрическую систему пространства, расширяющегося настоящего, – S_s. К ним дополнительно прикладываются ещё две системы внутреннего времени, которые также расширяются.

Положительное и отрицательное время (T, -T) так же соединяются друг с другом, образуя единую геоцентрическую систему Времени, расширяющегося настоящего, – T_s. К ним прикладываются ещё две расширяющиеся системы внутреннего пространства. «Нулевые точки» этих планетарных систем содержат в себе все внутренние системы (t, -t; s, -s), как мы рассмотрели их ранее. Всё, что мы сейчас описали, относится только к «сфере» Пространства S_{s+1}. Точно такие же внутренние системы имеются и в «сфере» Времени $T_{т+1}$. Их там также – четыре.

Исследование строения солнечной системы помогло нам найти возможный источник «горения» нашего Солнца и, как оказалось, он, возможно, располагается в *большем* Времени $T_{т+1}$. Формула Эйнштейна открыла нам много новых знаний. Мы сейчас подошли к некоторому многоуровневому планетарному строению вселенной, которое очень хотим проверить. С этой целью обратимся к атомному уровню, где есть свои знания об атомных системах.

Атом пространства и атом времени

Итак, в структуре атома мы, тождественно солнечной системе, предположительно должны иметь, как минимум, два компонента: атом пространства, как подобие гелиоцентрической системы Коперника, и атом времени, как подобие геоцентрической системы Птолемея. Проверим наличие таких же восьми планетарных систем в атоме, для чего возьмём самую элементарную атомную систему и, предположим, что она аналогична атому водорода. Сравним наши предположения по солнечной системе с атомом водорода, который имеет один электрон, один протон и один нейтрон.

Электрону нам тут же удаётся найти аналогию, потому что он похож на одну из планет солнечной системы, вращающуюся вокруг собственной оси по орбите удалённой от центра системы. С этим можно согласиться, к тому же, он имеет отрицательный заряд, а ядро атома – противоположный по знаку положительный заряд. Электрон в нашей модели будет подобен планете положительного пространства S, предположим это, и рассмотрим все остальные системы относительно его.

Протон представляет для нас серьёзную загадку, т.к. он – один, а оставшихся «планет» в атоме пространства осталось ещё три. Что это, неверная модель системы или атома? Не будем сдаваться и проникнем своим разумом внутрь протона. Для начала дадим ему научное определение из физической энциклопедии (5):

«Протон – стабильная частица из класса адронов, ядро атома водорода. ... Протон имеет положительный электрический заряд, равный элементарному заряду, т.е. абсолютной величине заряда электрона. ... С современной точки зрения, протон не является истинной элементарной частицей: он состоит из двух u-кварков с электрическим зарядом +2/3 (в единицах элементарного заряда) и одного d-кварка с электрическим зарядом −1/3. ... Скорее, протон напоминает облако с размытой границей...».

Да, этому определению можно удивиться насколько он точно согласуется с нашими выводами. Оказывается, что он состоит из трёх кварков, возможно, как раз являющимися этими тремя планетарными системами, которые мы искали в атоме пространства. Если мы убираем систему положительного пространства, которую отнесли к электрону, то у нас остались ещё три системы -S, t, -t, что может соответствовать трём кваркам протона.

Что собой при таком сравнении представляет u-кварк с положительным электрическим зарядом, которых в ядре атома два? Не это ли две наши системы времени (t, -t), ведь их также две, как u-кварков в протоне?

Материя этих двух систем противоположна по знаку системе пространства с электроном (S), к тому же они имеют между собой разный знак времени. Но так как в нашем пространстве времени нет, то они могут быть однозначны и иметь определённый знак и величину заряда относительно пространства. Их свойства во времени могут отличаться так же, как у провернувшегося на 360^0 электрона. Эти системы должны находятся в центре атома.

Нашлась аналогия оставшейся системы с отрицательным пространством (-S) – это, возможно, d-кварк, имеющий, как и пространственный электрон, отрицательный электрический заряд. Так как он находится в отрицательном пространстве, то его заряд в нашем материальном мире положительного пространства, как мы это определили, будет равен 1/3, а не единице (?). Здесь нашлось место для системы отрицательного пространства, которое мы так долго искали.

Все наши планетарные системы, каждая в своём пространстве и времени, предположительно должны иметь одинаковые по величине заряды равные элементарному заряду электрона, но каждый в своей плоскости. Мы их все предполагаем тождественными, а, значит, это тождество распространяется точно так же на заряд в системе, когда она рассматривается относительно своего пространства или времени.

Мы рассматриваем электрон относительно положительного пространства, а если точно так же рассматривать u-кварк относительно своего времени, то его заряд, возможно, будет равен единице. Но мы u-кварк рассматриваем относительно положительного пространства, а не времени, где и проводим такие измерения. В этом случае его заряд будет проекцией из времени на пространство и может быть отличным от единицы, ведь плоскость приложения заряда другая и тип заряда также может быть другим. Система времени u-кварк независимо от знака имеет заряд +2/3 от элементарного заряда. Система отрицательного пространства вообще снизила свой заряд до −1/3, хотя плоскость приложения заряда та же самая, но вектор направления заряда отрицательный или …

Наш атом пространства получается полностью нейтралным. Давайте составим формулу атома пространства:
$$A_s = p + e^- \quad [11]$$
где:

A_s – атом пространства;

p – протон;

e^- – электрон.

Атом пространства включает в себя все четыре системы атомного планетарного уровня Пространства, что доказывает правильность нашего предположения.

Давайте проверим наши утверждения по атому пространства на второй части атома водорода, на атоме времени. У нас ещё должны остаться в предполагаемой модели атома водорода четыре планетарные системы атома времени. Время вращения квантов материи на атомном уровне очень малое и мы видим все системы как пространства, так и времени объединёнными, как в мультипликации, и в динамике.

Как же тогда, предположительно, выглядят эти системы атома времени в нашем пространственном атомном мире? Что им может соответствовать в структуре нашего атома? Может ли, нейтрон быть аналогичен им, ведь он входит в состав ядра всех химических элементов, который пока оказался не задействованным в нашей модели?

Опишем из физической энциклопедии (5) характеристики нейтрона: «Нейтрон – нейтральная частица, относящаяся к классу адронов. ... Вместе с протонами нейтроны входят в состав атомных ядер. Электрический заряд нейтрона равен нулю. ...

Как и протон, и прочие адроны, нейтрон не является истинно элементарной частицей: он состоит из одного u-кварка с электрическим зарядом +2/3 и двух d-кварков с зарядом –1/3, связанных между собой глюонным полем».

Что нам ещё надо для доказательства. Мы опять имеем полное совпадение и совершенно случайно описали в нашей модели соответствие кварков нейтрона системам атома времени атомного планетарного уровня. Посмотрите на количество кварков нейтрона – их три. Сколько находится планетарных систем в атоме времени – четыре, но даже если мы найдём соответствие хотя бы трём из них, то это будет уже нечто. Какие мы имеем системы в соответствии с системами протона?

- Частица с положительным зарядом u-кварк. Ранее, это одна из систем времени (t, -t) в атоме пространства. В атоме времени, возможно, это уже будет система с отрицательным временем (-T). Такой кварк в нейтроне всего один.
- Частицы с обоими знаками пространства d-кварки. Их – уже две. Ранее мы определили, что одна из них – это система отрицательного пространства атома пространства. Получается, что теперь это уже две системы пространства (s, -s) только с разными знаками состояний.

Наш планетарный нейтрон, который мы наблюдаем в пространстве, как оказывается, образован тремя системами атома времени (-T, s, -s). У нас опять почти всё сошлось, только никак не проявляется последняя и четвёртая система положительного времени (T), которая является, как бы, основной и должна быть «планетой» на орбите атома времени, как электрон в атоме пространства?

Всё дело в том, что она, возможно, не находится в центре атома времени. Эта система в атоме водорода может быть размытой, и, наблюдая её в нашем пространстве, мы не можем фиксировать эту систему своими приборами. Только она может оказывать влияние на некоторые характеристики атома, в т.ч. на его массу. Когда их количество увеличивается, то это становится заметным. Чем больше в атоме времени таких размытых систем положительного времени +T, тем больше они оказывают влияние на вычисления и расчёты.

Давайте пока оставим эту потерянную систему +T и проверим ещё раз нашу модель на атоме другого химического элемента, например, гелия. Опишем его особенности: его атом содержит два электрона, два протона и два нейтрона. У нас получается сложная планетарная система, состоящая из двух подобных моделей планетарных систем атома пространства и двух – атома времени, а не из одной, как в атоме водорода. В результате мы получаем в пространстве две системы, вращающиеся по орбите вокруг центра – два электрона (S_1, S_2). Протоны образованы шестью системами (-S_1, -S_2; t_1, t_2; -t_1, -t_2), как ранее нами описано, а нейтроны ещё шестью системами (-T_1, -T_2; s_1, s_2; -s_1, -s_2) времени T_{s-2}. Две оставшиеся системы положительного времени (T_1, T_2) атома времени, значительного влияния пока на массу атома гелия не оказывают. Это похоже уже не на предположение, а на реальность нашей планетарной модели. Наши две оставшиеся системы очень сильно напоминают нам некоторый, возможно, недостающий элемент в атоме – позитрон. Может они образуют именно его?

Мы уже рассмотрели второй элемент периодической таблицы – атом гелия, а теперь возьмём для большей убедительности в правильности нашего моделирования ещё один атом с номером три. Полученный атом лития имеет в своём составе: три электрона; три протона и три нейтрона. Такую систему можно получить, сложив атом водорода и атом гелия или три атома водорода вместе, но у нас не получается тождества, т.к. масса элемента оказывается завышенной. А у нас в водороде его атомная масса должна по всем нашим предположениям оказаться в два раза больше, и в этом случае всё сойдётся. Оставим водород и сложим атом лития и гелия вместе: мы получим элемент с номером пять – это бор. В данном случае атомная масса оказалась почти тождественной.

Давайте представим атом времени формулой:
$$A_т = s + e^+ \quad [12]$$
где:
$A_т$ – атом времени;
s – нейтрон;
e^+ – позитрон.

Формула атома времени по своей структуре аналогична атому пространства, только должна располагаться во времени, перпендикулярном плоскости пространства.

Теперь возникает предположение, что единый атом любого элемента содержит в себе атом пространства A_s и атом времени A_t, которые должны быть как-то соединёнными друг с другом. Проанализируем их ещё раз: атом пространства A_s нами изучен, и он по всем данным нашей науки – нейтральный. В нашей модели он (A_s) действительно получился нейтральным не только по заряду, но и в пространстве и времени. В нём скомпенсированы все его внутренние пространства и времена́. Атом времени $A_т$ ещё до конца в полном объёме не известен нашей науки. Только косвенно, по наличию нейтронов, мы предполагаем его существование. Этот атом времени имеет ядро-нейтрон, которое имеет нейтральный заряд. Он полностью скомпенсирован между кварками внутри нейтрона. Но у нас, по нашему предположению, здесь остаётся ещё позитрон. Возникает вопрос, каким зарядом должна обладать недостающая система положительного времени +T, позитрон, в атоме времени?

В атоме времени у нас недостаёт одного u-кварка +T, (другой -T входит в состав нейтрона), а он также должен иметь положительный заряд времени и, возможно, его заряд, как и заряд электрона – элементарный, т.е. он во времени равен единице, только он будет уже положительным. Выходит, что атом водорода должен содержать в своём составе ещё и позитрон е$^+$, который мы никак не можем увидеть своими приборами, т.к. это система положительного времени +Т атома времени, которая не видна в нашем пространстве и она, возможно, не находится в ядре атома водорода. Позитрон, скорее всего, будет пустотелой частицей и может быть «размытым» во всём объёме атома времени A_t. Позитрон будет аналогичен пустотелой вогнутой «планете» с «небесами» внутри неё, наподобие небес планет геоцентрической системы Птолемея. Вся его масса должна располагаться по всему объёму атома, да ещё во времени. Её трудно уловить нашими приборами.

Атом времени A_t оказался у нас не нейтральным, как атом пространства A_s, а имеющим, возможно, положительный заряд. Он оказывается заряженным положительно во времени и нейтральным в пространстве. У нас атом водорода получается таким пространственно-временным диполем, имеющим заряд пространства и заряд времени. Не отсюда ли вытекает физический смысл валентности атомов? В данном случае, атом водорода имеет положительную валентность, что снова сходится с нашей моделью, но может быть это не совсем так. Возможно, позитрон в атоме времени относительно нашего пространства вообще не имеет никакого заряда. Он размыт по всему пространству атома и его, как бы, нет.

Ядерные реакции, подтверждающие наши предположения

Имеется в ядерной физике и другое подтверждение правильности нашей планетарной модели. Существуют интересные реакции по трансформации элементарных частиц при бета-распаде. Обратимся к нейтрону: он стабилен только находясь в ядре атома. «Свободный нейтрон (s) – нестабильная частица, так как система без позитрона получается незаконченной, распадающаяся на протон (p), электрон (e$^-$) и электронное антинейтрино ($\tilde{v}_e$):

$$s \to p + e^- + \tilde{v}_e \quad [13]$$

Мы получили то, что нестабильный нейтрон, переходя в пространство из времени, – ведь он принадлежит системе времени – становится протоном. Действительно, как может в пространстве существовать планетарная система времени +T атома времени? Конечно, она сразу же ищет способ материализоваться в пространстве и стабилизироваться. Нам лучше эту формулу представить так:

$$s - \tilde{v}_e \rightarrow p + e^- \quad [14]$$
$$a_t \rightarrow a_s$$

У нас возник в левой части формулы [14], как бы, квази атом времени a_t (обозначим его с прописной буквы «а»), который достраивается частицей антинейтрино $\tilde{v}_e$. Она занимает место позитрона в атоме времени. После этого нестабильный атом времени a_t тут же переходит в пространство и становится квази атомом пространства a_s, но всё же остаётся нестабильным и распадается. Антинейтрино $\tilde{v}_e$ при переходе из времени в пространство становится электроном e^-, несмотря на то, что она испускается. Дело в том, что во времени на самом деле происходит процесс поглощения антинейтрино, которая и становится при переходе в пространство электроном, хотя при этом в пространстве испускается энергия света. Встаёт новый вопрос: что это за частица – антинейтрино, которая в нашей формуле оказывается такой занимательной?

Но прежде чем на него ответить перейдём ко второму типу бета-распада. Оказывается, что протон в ядре может иметь обратную реакцию. Он с приобретением нейтрино может перейти в нейтрон плюс позитрон. Что нам ещё необходимо для доказательства нашей правоты?

$$p + v_e \rightarrow s + e^+ \quad [15]$$
$$a_s \rightarrow a_t$$

Сейчас вместо отсутствующего электрона, который бы дополнил протон и создал квази атом пространства a_s, в неё перешла частица нейтрино v_e, как бы, достраивая атом пространства, но он всё равно остаётся нестабильным. Как только образовался квази атом пространства он тут же переходит из пространства во время и образует нестабильный квази атом времени a_t, который тут же распадается.

Мы снова набрели на новое предположение, а оно заключается в следующем, что в обоих, правых частях этих двух формул описаны атом пространства (p + e⁻) [14] и атом времени (s + e⁺) [15]. Получается, что свободные нейтроны и протоны, не находящиеся в ядре атома, пытаются достроить себя и получить недостающую четвёртую систему, которая у них отсутствует. Только после этого они могут переходить в другую «сферу» и эволюционировать, но т.к. нет объединяющей их силы, вновь образованная «сфера» оказывается не связанной с неким «единым» центром. Она получается искусственной, и поэтому правая часть формул распадается на составные части.

Мы ещё даже не предполагали, что должна существовать некая центральная сила в этих атомах пространства и времени. Она у нас ещё не определена, но здесь мы явно видим, что такая сила должна иметь место в атоме водорода. Именно она удерживает его от распада и делает стабильным. Мы ещё к ней вернёмся. А пока бета-распад – это не что иное, как попытка восстановить системы в пространстве или во времени. Что же это за частицы, которые помогают сделать наши системы полными, эти нейтрино и антинейтрино?

Два раза мы натолкнулись на одну и ту же частицу – нейтрино, опустим сейчас её знак. В одном случае она достраивает систему пространства (+S), в другом – времени (+T). К тому же нейтрино пронизывает всю нашу вселенную и не поглощается нашей материей. Она существует везде, только плотности в нашем пространстве вселенной их разные.

Протон состоит из трёх кварков. Два из них кварки времени (t, -t), а один кварк – отрицательного пространства (-S). В протоне время получается скомпенсированным – нейтральным, а пространство имеет только отрицательный знак, т.к. отсутствует электрон, который является частицей положительного пространства. Получается, что протон должен иметь отрицательный пространственный заряд. Притягивая к себе нейтрино, которое по своему типу, возможно, должна являться частицей положительного пространства. С ней протон, как бы, достраивает своё недостающее пространство и становится квази атомом пространства a_s. После этого он сразу же начинает «вращение» в плоскости, которое переводит этот квази атом, возможно, через нулевую точку во время. Он образует уже квази атом времени a_t с нейтроном и позитроном $(n + e^+)$. В данном случае нейтрино получается частицей положительного пространства (+S).

Нейтрон, так же состоит их трёх кварков, причём два из них кварки пространства (s, -s), а один – отрицательного времени (-T). Образуется точно такая же картина, как с протоном. Нейтрон, оказывается, имеет отрицательный потенциал времени. У него отсутствует положительное время вместе с позитроном (+T). При бета-распаде он притягивает к себе антинейтрино, имеющее положительное время и оно достраивает нейтрон до полного квази атома времени $(n + \tilde{v}_e)$ – a_t. После этого происходит переход квази атома времени в плоскость пространства и образуется квази атом пространства $(p + e^-)$ – a_s, который также оказывается искусственным и нежизнеспособным. В пространство излучается электрон. Получается, что антинейтрино, в данном случае, является частицей положительного времени (+T).

Сейчас мы подошли к очень интересным фактам в области нашей физики. Описание атомных систем с позиции нашей модели привели к интересным результатам, доказывая её правоту. Пространственная и временная модель атома расставила по своим местам кварки протона и нейтрона. Модель подсказывает нам то, что в мире микрочастиц существуют элементарные частицы пространства и времени, из которых складываются всё Пространство и Время вселенной. Пространство и Время составляются ими и, возможно, именно они являются физическими материальными величинами. Они могут сгущаться, образуя материальные планеты, тела, формы, имеющие более плотные пространства или времена, или разряжаться, образуя пространство и время планетарной системы. Нейтрино и антинейтрино могут являться теми первичными частицами, эфиром, которые могут не иметь ни времени ни пространства, ни материи ни энергии, но могут иметь их некие первичные величины.

Можно сделать уже определённые выводы: наши предположения по моделированию планетарных и атомных систем оказываются полностью тождественными, что говорит об их аналогичной структуре. Примеры, приведённые нами выше, полностью доказывают нашу правоту. Путь поиска выбран нами правильно, и мы продолжим его далее.

Глава IV. Планетарные уровни вселенной

Постепенно нам уже удаётся обосновать некое единство в строении планетарных систем двух уровней – солнечной и атомной, но для более серьёзного исследования их строения необходимо подвергнуть эти предположения ещё более тщательному анализу и даже сопоставлению. Конечно, нам пока не удалось полностью ответить на вопрос, вернее доказать свою версию, о том, откуда берёт наше Солнце свою энергию, но наше предположение о существовании некой инволюционирующей планетарной системы времени $T_т$, которая, переходя из Времени, через наше Солнце разворачивает планетарную систему в Пространстве S_s, может быть верно.

Мы пока на атомном уровне не увидели подобного круговорота энергий и не можем вычислить источник энергии существования атома, который возник при исследовании солнечной системы. Это, скорее, дело времени, потому что аналогия с солнечной системой позволяет нам сделать предположение о существовании подобного круговорота энергий внутри атомной системы, которая по своему строению может оказаться значительно сложнее и более быстрой, нежели известный науке атом водорода. В нём обязательно должен иметь место источник, дающий атому энергию для «жизни».

Утверждение о тождественности всех планетарных уровней ещё требует своего доказательства. Для этого мы попытаемся составить такую действующую модель, которую назовём «пространственно-временной пирамидой».

Пространственно-временная «пирамида»

Почему мы выбрали такое пирамидальное название? Если рассматривать предположенные нами планетарные уровни снизу-вверх, то мы получаем множество элементов в её основании и один единственный элемент на её вершине: из атомов состоит солнечная система; из солнечных систем состоит галактика; галактики складывают метагалактику и т.д.

Такая планетарная модель, символически, сильно напоминает нам пирамиду с широким основанием внизу (атомные системы) и точечной вершиной вверху (метагалактика). Эта символическая пирамида показывает нам, что один высший уровень состоит из множества низших уровней. Если мы перейдём к пространству и времени, то получим, что высший уровень пространства и времени состоит или, вернее, наполняется пространствами и временами низших уровней. Множество пространств и времён низшего уровня создают единое пространство и время высшего уровня.

На самом деле, это будут единые объединённые пространство и время, в котором находятся множество меньших пространств и времён, формирующих их, которые могут при этом создать любую форму бо́льшего пространства и времени. Определённое количество меньших, таких же единых, пространств и времён создают новые бо́льшие пространство и время, которые сами, дойдя до определённого количества элементов, создают ещё бо́льшее пространство и время и так до бесконечности. Этот процесс очень похож на процесс расширения Света, при котором раскрываются всё более тонкие его структуры.

На уровне солнечной планетарной системы нам пока не удалось до конца проверить правильность наших выводов о многоуровневом планетарном устройстве вселенной. Нам необходимо отыскать новые доказательства, для того, чтобы проверить нашу модель в действии. Давайте спуститься к другим уровням вселенной, к её атомам, и проверить эти предположения здесь на этом планетарном уровне. Кроме этого, нам не удасться пройти мимо планетарной системы души человека, как планетарной системы времени, которая может играть некую связующую роль в этой модели между двумя пространственными и одним временны́м планетарными уровнями.

Похожий процесс расширения волновых структур, а круговороты между пространством и временем можно представить волнами, мы можем наблюдать на водной поверхности, когда на неё попал камень. От центра, куда его бросили, расширяются концентрические круги-волны. Эти волны – поверхностные и плоские. В нашем случае относительно пространства и времени, это уже будет не плоское расширение волн, как на водной поверхности, а объёмное и даже сверхобъёмное расширение. Такое волновое расширение пространства и времени во вселенной образует уровни с впадинами и гребнями, только, как минимум, объёмного характера. Причём, длина волны во вселенной будет кратна скорости света и иметь определённую закономерность, которую нам ещё предстоит вычислить.

Волны во вселенной располагаются не последовательно друг за другом, как на поверхности воды, а последовательно-параллельно друг в друге, составляя некую единую пространственно-временную волну. В этом случае мы имеем в их измерении не длину волны, которая постоянна при последовательном процессе, а переменную длину волны, которая имеет, скорее всего, геометрическую прогрессию по скорости света.

Если процесс создания метагалактических структур идёт от меньшего планетарного уровня к большему через такие квантованные структуры Материи, то этот процесс называется эволюцией; если же больший планетарный уровень, как единое тело, начинает делиться на множество меньших планетарных уровней, то такой процесс мы называем инволюцией. Они существуют параллельно и если что-то одно эволюционирует, расширяясь за счёт захвата частиц, то что-то второе должно инволюционировать, отдавая свои частицы.

Сейчас мы описали двойную эволюцию-инволюцию мироздания и подошли к их глобальному действию, где первая, материальная, протекает в Пространстве, а вторая, антиматериальная[4], – во Времени. Если материальную

---

[4] Мы здесь имеем в виду, что данные Пространство и Время являются наивысшими и, как бы, изначальными. Материя, частицы которой мы описали ранее, имеет отношение только к этому изначальному Пространству. Уровень изначального Времени нами ещё не рассматривался и его тип изначальной МАТЕРИИ нами ещё не определялся и не исследовался. Частицы изначального Времени уже будут

эволюцию мы изучаем и как-то исследуем, то об антиматериальной инволюции мы пока ничего не знаем, а она реально существует, но пока протекает без нашего научного участия.

Мы не зря заговорили о глобальных процессах Трансцендента: мы внутри него должны иметь точно такой же круговорот между Пространством и Временем. Он действительно проходит между Материей в Пространстве и Антиматерией во Времени. Но мы сейчас исследуем только материального Трансцендента, но не трогаем второго.

Антиматерию мы пока изучать не будем, нам бы с первым разобраться. Материя создала внутри себя подобные круговороты между пространством и временем, не выходя за свои пределы. Поэтому мы вправе утверждать, что антиматериальных частиц внутри Материи Трансцендента нет. Но вместо них, она создала, как отражение пространственных материальных частиц, частицы энергии времени, которые мы и принимаем за антиматериальные частицы, что «в корне» неверно.

Давайте более не будем отвлекаться от исследования уровней вселенной. Ранее мы предположили, что должны существовать в другом измерении подобные системы, которые поддерживают обе эти эволюции-инволюции своими энергиями. Это и есть та закономерность передачи энергии между планетарными системами пространства и времени: если одна из них расширяется, то другая – сворачивается, передавая энергию и наоборот. Внутри всех планетарных уровней должны существовать подобные Трансценденту круговороты, но они протекают только в его Материи.

Этот процесс вращения частиц между пространством и временем напоминает нам вечный двигатель, когда частицы материи, вращаясь в некоей замкнутой на саму себя системе, переходит из одного своего качества в другое и обратно, создавая круговорот энергии между пространством и

состоять из Антиматерии. В Пространстве антиматериальных частиц быть не может, и мы их из него исключаем. Здесь мы уже имеем в виду не уровень метагалактик, а уровень Трансцендента, всех вселенных, где уже сама изначальная МАТЕРИЯ состоит из Материи и Антиматерии.

временем. КПД такой системы будет равен 100%, если не более, ведь речь идёт о расширении не только, например, солнечной системы, а всех уровней вселенной.

Рис. 12

Исходя из вышеизложенного, возникает возможная модель такой «пространственно-временной пирамиды». Она должна нам помочь понять многоуровневое планетарное устройство. Только нам приходится её из объёмной и параллельной модели делать последовательную и плоскую, чтобы разместить её на плоском листе бумаги.

Небольшая часть такой «пространственно-временной пирамиды» расположения планетарных уровней во вселенной представлена на рисунке 12. Конечно, она ещё требует своего дальнейшего уточнения, т.к. при переходе от одного планетарного уровня к другому может меняться фаза состояния уровней, может меняться пространство на время и наоборот. Поэтому примем эту схему пока в таком виде, в каком она есть, а далее, когда нам будет полностью понятна эта модель, произведём её уточнение.

В этой приблизительной «пирамидальной модели» мы разместили четыре планетарных уровня. На ней мы обозначили самый большой по пространственно-временным параметрам планетарный уровень Пространства как S_{s+1} и спустились от него к меньшим уровням, например, до атомного уровня (S_{s-2}, T_{s-2}). Для этой цели мы взяли для исследования небольшой «кусочек» нашей видимой и часть невидимой вселенной, чтобы сравнить действие модели с известными науке данными. Мы предположили:

- S_{s+1} – уровень галактики,
- S_s, T_s – уровень солнечной системы,
- S_{s-1}, T_{s-1} – уровень системы души человека,
- S_{s-2}, T_{s-2}, $T_{т-2}$, $S_{т-2}$ – атомный уровень.

На рисунке 12 мы видим, что высший уровень S_{s+1} состоит из множества нижних уровней S_s и T_s, составляющих его основу. Они принадлежат как пространству S_s, так и времени T_s своего планетарного уровня, принадлежащих и входящих в бо́льшее Пространство уровня (S_{s+1}). Следующий за ними планетарный уровень (S_{s-1}) мы описали только для пространственной части уровня (S_s), который так же состоит из меньшего по параметрам множества S_{s-1} и T_{s-1}. Возникает полностью тождественная картина предыдущего уровня. Здесь также имеют место как пространство S_{s-1}, так и время T_{s-1} своего уровня, которые входят в бо́льшее пространство S_s следующего уровня.

Опускаясь ещё ниже по этой модели рисунка 12, мы приходим к полной структуре атомных систем, состоящих из S_{s-2}, T_{s-2}, $T_{т-2}$, $S_{т-2}$, причём, две из них принадлежат пространству S_{s-1}, а две других – времени T_{s-1}, которые входят в планетарную систему пространства уровня S_s. При этом мы получили интересные результаты: атомный уровень в этой модели состоит из атома, имеющего отношение к пространству (S_{s-2}) и времени (T_{s-2}) и атома, имеющего отношение ко времени ($T_{т-2}$) и пространству ($S_{т-2}$). Известны ли такие сведения об атомных структурах нашей науке?

Но это ещё не вся атомная структура, потому что мы ещё не рассмотрели её относительно времени T_s, где возникает ещё, как минимум, два типа атома, имеющих отношение к этому бо́льшему времени T_s. Его описание значительно усложнит понимание нами этого процесса квантования планетарных уровней.

С этой целью мы оставляем для исследования только пространственную часть S_s, а время T_s, предполагаем, что оно будет работать аналогично пространственной части S_s, только зеркально ей, потому что такое изобилие типов атомов нас может окончательно запутать. Мы вернёмся пока к нашим атомам пространства S_s, для того чтобы их исследовать и сравнить с имеющимися научными данными, а уже потом, от них перейти к атомам времени T_s.

Атом времени ($T_{т-2}$ + $S_{т-2}$) у нас получается, как бы, антиматериальным, но на самом деле, он будет иметь отношение к Материи и к плоскости её Времени и таким быть не может. Конечно, он находится во времени T_{s-1}, и мы пока даже не можем предположить возможную структуру его частиц, а не то, что увидеть. Это не наши электроны, протоны, нейтроны, входящие в состав наших атомов уровня пространства S_{s-1}, а это нечто совсем другое, которое ещё не определено нами. Давайте, исследуем этот таинственный атом времени T_{s-1}.

Эти возможные планетарные атомные системы времени T_{s-1} предположительно могут состоять из:
- планетарных систем T, -T, s, -s, которые явно указывают на две разнополярные системы времени T, -T и две разнополярные системы меньшего пространства s, -s, входящие в атом времени T_{T-2};
- планетарных систем S, -S, t, -t, которые также явно указывают на две разнополярные системы пространства S, -S и две разнополярные системы меньшего времени t, -t, входящих в атом пространства S_{T-2}.

У нас возникли те же планетарные системы, которые мы рассматривали в едином атоме водорода ранее, только они располагаются в плоскости перпендикулярной пространству наших атомов, как бы развёрнутые на 360^0. Большего знания об этих атомных системах мы пока не имеем. Мы получаем их в модели, как бы, в многогранной, некой сверхобъёмной структуре, но оставим пока это предположение для дальнейшего исследования и перейдём к атомным системам большего пространства S_{s-1}.

Итак, в нашей модели атом пространства уровня S_{s-1} состоит из двух «объединённых» в единые целые атомы S_{s-2} + T_{s-2}. Атом пространства S_{s-2} состоит из планетарных систем S, -S, t, -t, а атом времени T_{s-2}, имеет в своём составе планетарные системы T, -T, s, -s. Объединение их в единую систему уровня S_{s-1}, составляет наш полный атом (S_{s-2} + T_{s-2}). Эти атомы входят в состав «полной» системы пространства (S_{s+1}) состоящего из множества планетарных систем: $\sum(S_s + T_s)$, $\sum(S_{s-1} + T_{s-1})$, $\sum(S_{s-2} + T_{s-2} + T_{T-2} + S_{T-2})$, как бы вложенных друг в друга и составляющих друг друга.

«Цепи» вселенной

Зачем вселенная поделена на материю и энергию?

Материя нашего планетарного уровня солнечной системы развёртывается в пространстве «сферы» Пространства, а её материальная энергия развёртывается во времени этого Пространства, в соответствии с формулой Эйнштейна. Энергия развёртывается во времени в «сфере» Времени, а её энергическая материя – в пространстве этого Времени, о чём мы говорили ранее. К тому же материя может поглощать свет (любая планета) или быть материальной энергией, излучая свет (Солнце). В энергии времени эти свойства будут отражены зеркально: энергия будет излучать тьму (Земля), а энергетическая материя её поглощать (небеса планет).

Если что-то излучает свет, то что-то противоположное ему обязательно его поглощает. Здесь также всё относительно и та же материя может превратиться в энергию и наоборот, смотря относительно чего это рассматривать. Можно сделать предположение, что материя по формуле [7] может легко стать энергетической материей, а энергия времени по формуле [10] – материальной энергией.

Давайте попробуем понять, каким образом связаны эти два типа Материй между собой. Для ответа на него вернёмся снова к формуле [7]. Опишем точно такой же формулой отношение энергии и материи на 4-ом и 3-ем планетарных уровнях:

$E_4 t_4^2 = M_4 S_4^2$ – 4-ый уровень пространства; [16]

$E_3 T_3^2 = M_3 s_3^2$ – 3-ий уровень времени. [17]

В наших формулах времени, ранее, мы сознательно поменяли энергетическую материю (M_3) с её энергией (E_3) местами, чтобы они были в формулах теми же, что и в материи.

Если теперь представить соотношение времени и пространства 4-го уровня и пространств 3-го и 4-го уровней, то получим:

$S_4 / t_4 = C;$ [18]

$S_4 / s_3 = C.$ [19]

Часть 1.Закономерности мироздания вселенной

Так как пространство между планетарными уровнями по нашему предположению отличается на величину – С. Отсюда следует, что $t_4 = s_3$, а их отношение

$$t_4/s_3 = 1 \qquad [20]$$

О чём нам говорит это равенство? Как может время высшего пространственного планетарного уровня t_4 быть равным пространству низшего уровня s_3 времени?

Материя и энергия зеркальны относительно друг друга. Время одной из них является пространством для другой, что у нас и получилось в формуле [20]. Это равенство подсказывает нам, что на низшем уровне это пространство, а при переходе на более высокий уровень – это уже будет время, и они оказываются равными между собой. Вспомните условия формулы [7], которые говорили о «перпендикулярности» формулы Эйнштейна.

Переход с одного уровня на другой происходит при смене плоскостей пространства на время или наоборот. Мы, как бы, пересекаем границу чего-то, что меняет плоскости и изменяет фазу состояния материи. Была энергетическая материя в пространстве на 3-ем уровне, а при переходе на 4-ый уровень она обратилась в материальную энергию во времени.

Равенство времени на 4-ом планетарном уровне (Земля) и пространства на 3-ем планетарном уровне, там, где обитает наша планета-Душа, говорит нам о том, что при переходе через границу чего-то, пространство 3-го уровня становиться временем 4-го уровня, т.е. плоскости времени и пространства меняются местами.

Можно ещё сделать предположение о том, что суммарное пространство 3-го уровня равно времени 4-го уровня. Если в предположениях идти ещё дальше, то можно утверждать, что это одни и те же частицы, только на 3-ем уровне они, как бы, разбиты на частицы времени, а на 4-ом уровне они уже представляет собой их единое целое, их сумму, составляющую уже одну частицу пространства. Получается, что эти частицы времени организуют более крупную частицу пространства, но уже другого, высшего для них, планетарного уровня.

Таким образом, у нас появилось что-то вроде звена цепи между материей и энергией и планетарными уровням. Это звено будет пространственно-временное для планетарного уровня солнечной системы. Если спуститься ещё ниже по уровню, то мы получим точно такое же звено между 3-им и 2-ым планетарными уровнями, но уже временно-пространственное и т.д.

Теперь можно попытаться ответить на вопрос, зачем вселенной потребовались материя и энергия, время и пространство? Нам уже стало ясно, что энергия – это та же материя только с перпендикулярным знаком плоскости состояния.

Эволюция постепенно поднимается по планетарным уровням и между ними не происходит разрыва. Попробуйте подниматься только по материальным уровням. Это вряд ли у вас получится. Здесь сразу же возникает разрыв – единая цепь разрывается, эволюция становиться невозможной, т.к. нет непрерывности в развитии.

Есть ещё одно предположение, а что произойдёт, если заменить слова материя и энергия на электричество и магнетизм? Всё наше выше изложенное становиться очень сильно похоже на обычные электромагнитные колебания, которые постоянно возрастают по уровню и изменяются по закону гармонического колебания, только оно не последовательного содержания, как мы это привыкли видеть, а параллельного.

Может так оно и есть?

Материя – это магнитные частицы, а её материальная энергия – электрические. Это очень напоминает нам световую волну, тем более что она содержит в своём составе материальные частицы, но оставим пока эти размышления и попробуем нарисовать полученные взаимосвязи уровней вселенной между собой (рисунок 12а).

Рисунок 12а показывает нам межуровневое взаимодействие пространства и времени во вселенной, от мельчайшей частицы 1-го уровня до частицы галактического уровня и её зависимость от энергий и материй. Здесь наглядно видно, как эволюционировала связь между материей и энергией. Надо только отметить, что сейчас в нашем мире, вся

Рис.12а

материя имеет в своей структуре, такую же структуру, как 4-ый уровень, т.е. вращающейся объём вокруг удалённого центра. Возможно, таким образом, эволюционировали материи и энергии от одного планетарного уровня к другому.

В школьной физике есть раздел «Единство сил природы», в нём опять имеется совпадение с нашими выводами: «в нашей природе действуют 4 основных силы: слабое взаимодействие (возможно, 1-ый уровень), сильное взаимодействие (2-ой уровень), электромагнитная сила (3-ий уровень) и гравитационная сила (4-ый уровень)». Нами на этом этапе эволюции изучаются все эти силы. Они уже используется в нашей жизни для получения искусственных «щупалец», но, в основном, это будет электромагнитная сила, которая и соответствует нашем «душевному» третьему уровню.

Гравитационная сила ещё нами до конца не понята, и мы не можем пока её использовать, т.к. она – сила 4-го планетарного уровня. Она известна давно йогам, монахам, которые при достижении высокого духовного уровня умели управлять этой силой и даже могли висеть в воздухе без опоры, преодолевая её. Таких примеров мы имеем множество. Сила гравитации – это, возможно, наше будущее.

«Цепи» вселенной помогли нам понять, как взаимодействуют планетарные уровни между собой и наталкивают нас на мысль о том, что свет нашего Солнца, как раз, есть результат такого взаимодействия через время. Может быть, даже наши атомы имеют подобное взаимодействие посредством времени и все наши материальные структуры также скреплены им?

Уровни квантования планетарных систем

Давайте подведём некоторый итог нашим предположениям в соответствии с рисунком 12: в «сфере» Пространства S_{s+1} располагаются не только соединённые «сферы» $S_s + T_s$, а огромное множество таких же внутренних «сфер, создающих единую структуру S_{s+1}. В «сфере» Времени T_{T+1} также располагаются точно такое же множество внутренних «сфер» времени T_T и пространства S_T. Мы пока берём во внимание только положительные «сферы», но отрицательные – также имеют право на существование ($-S_s$, $-T_s$, $-T_T$, $-S_T$).

«Сферы» S_{s+1} и T_{T+1} (рисунок 12), можно сказать, принадлежат нашей галактике, в которой находится множество систем подобных солнечной системе. Они образуют её пространство и время, являясь сами частицами её пространства или времени. Четыре внутренние планетарные системы пространства S_s, указанные нами ранее, образуют «единую» планетарную систему этого Пространства, и точно так же – систему Времени T_s. Обе эти «единые» системы образуют «полную» планетарную систему бо́льшего Пространства (S_{s+1}). Таких «полных» планетарных систем в «сфере» Пространства S_{s+1} имеется некоторое множество.

Вернёмся снова к нашей пространственной «сфере» S_s – гелиоцентрической системе Коперника. Попытаемся теперь проникнуть в её внутренние «сферы». По аналогии со «сферой» Пространства S_{s+1}, «единая» планетарная система (S_s) также должна содержать в себе множество «единых» планетарных систем меньшего уровня S_{s-1} и T_{s-1} как

Часть 1.Закономерности мироздания вселенной

положительных, так и отрицательных, но это ещё не атомные системы, а нечто среднее между ними.

Давайте попытаемся определить параметры или даже закон распределения множеств таких планетарных систем. Мы из формулы [7] знаем, что между временем и пространством существует определённое отношение равное скорости света – С. Может быть, это и есть та цифра, которая укажет нам на параметры этих систем, связанных с пространством и временем?

Давайте перейдём непосредственно к нашим научным данным и попытаемся просчитать параметры известных систем. Ранее мы уже сравнивали размеры этих двух материальных систем: солнечной системы S_s и атомной, предположив, что атомная система будет такой – S_{s-2}. Их отношение по своему значению очень близко к величине квадрата скорости света – C^2. Но между ними существует ещё одна система S_{s-1}, как она впишется в эти отношения?

Есть очень серьёзное предположение о том, что их линейные отношения между предположительной S_{s-1} и солнечной системами S_s можно признать, или вернее предположить, всё же равными величине скорости света, т.е. $3*10^8$ раз. Но как мы можем точно измерить ядро Солнца и ядро атома, к тому же, ядро атома какого элемента? Точно такое же линейное отношение возникает между ядром атома и ядром этой предположительной средней системой, т.е. между атомной системой S_{s-2} и среднепланетарной системой S_{s-1}.

Давайте попробуем проверить наши выводы другими вычислениями, например, временем: время жизни нашей солнечной системы (время жизни системы S_s Пространства) предположительно составляет 40 миллиардов ($4*10^{10}$) лет; время жизни человека S_{s-1} (время жизни этой планетарной системы 3-го уровня) возьмём для простоты вычислений равным 100 (10^2) лет. Каким получается отношение между этими временами жизни двух планетарных систем? Оно будет равно, приблизительно, $4*10^8$ раз. Эта цифра снова очень близка к величине равной скорости света $3*10^8$ раз. Возникает новое подтверждение нашей правоты.

Наша предполагаемая система, а её можно назвать ещё человеческой планетарной системой души, получилась всё-таки довольно внушительных размеров, но она тоже из чего-то должна быть сделана, из каких-то своих «атомов» пространства и времени, как мы утверждали ранее. Если попытаться вычислить размеры их ядер по тем же критериям, то они получаются приблизительно такими – 10^{-57}–10^{-67} м³.

Этот вывод очень серьёзно связан с нашим разумом – это, возможно, размеры элементарных частиц нашего разума, из которых он состоит. Как физическое тело формируется из атомов, так разумное тело 3-го уровня формируется из частиц сублиминального уровня. Можно назвать их ещё одной планетарной системой S_{s-3}.

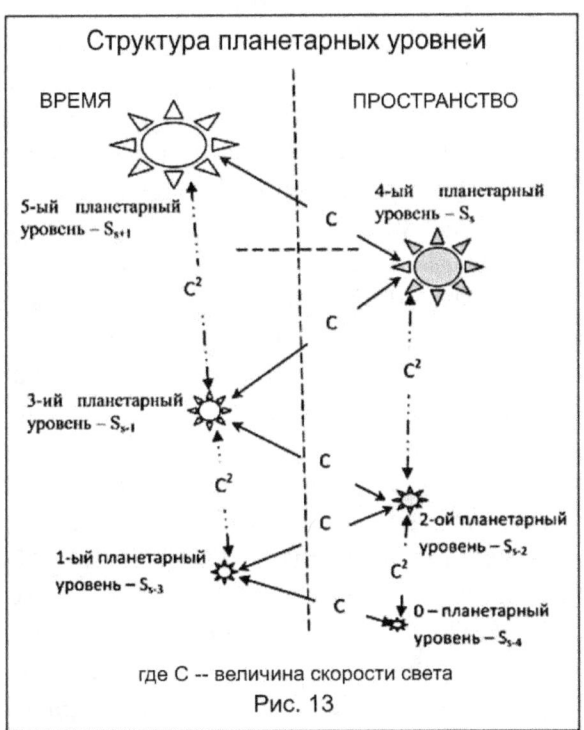
Рис. 13

Теперь мы сможем даже нарисовать некоторую предположительную схему расположения планетарных систем по их уровням (рисунок 13). Нулевой планетарный уровень говорит нам о том, что наши атомы, также из чего-то должны были быть сделаны. Его можно назвать элементарным уровнем изначальной Материи, с которого всё началось, эфиром. Эта схема получается, как вверх, так и вниз практически бесконечной. На рисунке 13 нам пришлось постоянно изменять «фазу» состояния планетарных систем при переходе их с одного планетарного уровня на другой, менять пространство на время и наоборот. Откуда возникло такое предположение о их чередовании?

Человек, как и его планетарная система, устроен очень интересно: он живёт на пространственной планете, представляющей собой нулевую точку системы (s) времени T_s «сферы» Пространства S_{s+1} и видит только пространственную систему S_s, но не может видеть систему времени T_s. Это своеобразный парадокс нашего разума. А теперь попробуйте описать то, что мы увидим с позиции этого парадокса?

Наша жизнь имеет две основные составляющие в своей основе — это внешняя жизнь, которую мы серьёзно изучаем нашей материальной наукой, и внутренняя жизнь, которая представлена духовными источниками знаний. Внешнюю жизнь мы с вами хорошо видим — это планетарная солнечная система со всеми своими планетами плюс пространственная планета Земля со всем, что на ней есть. Как нам теперь описать нашу внутреннюю жизнь в системе времени T_s, на планете Земля? Где нам её найти, ведь нашим зрением нам её, как и планетарную систему нашей души, увидеть не удасться? Нам остаётся только предполагать её настоящее местонахождение.

Раз мы можем видеть только пространство и не можем видеть времени, то оно для нашего зрения не существует, а значит, находится в свёрнутом состоянии в пространстве для нашего разума, или лучше сказать, относительно нашего разума. Пространство нами хорошо изучено, и мы его прекрасно видим: оно для нас расширено до метагалактик и далее. Точно так же «расширена» и пространственная планета Земля, она также пространственная, хотя и принадлежит системе Времени. Мы «видим» всю её пространственную поверхность. Время нашей материальной наукой отвергается, а его, точно так же как наше Пространство, необходимо изучать с научной точки зрения, как самостоятельный объект. Только тогда, когда нам удастся объединить Пространство и Время, мы шагнём в вечность своего существования.

То, что сейчас обозначено на рисунке 13, – это только часть всего строения вселенной. Эту часть можно назвать «миром» Пространства S_{s+1}. Если, симметрично нарисованным планетарным уровням, зеркально нарисовать ещё точно такую же «змейку» планетарных уровней Времени, то мы получим, возможно, более полную «вертикальную» версию строения вселенной. В этом случае мы добавим к «миру» ещё «антимир» – «мир» Времени $T_{т+1}$. Они будут, как бы, вложенными друг в друга, но разделёнными параметрами пространства и времени между собой.

Все планетарные уровни у нас получаются тождественными и отличаются между собой только величинами пространства и времени. При этом виден некий квантовый процесс в расположении планетарных уровней, по их пространственно-временным параметрам, в геометрической прогрессии к величине скорости света.

Часть 1.Закономерности мироздания вселенной

Часть 2. «Элементарный кирпичик» Материи

> *«Труды наши не в том, чтобы вечно повторять уже свершённое человеком, но в том, чтобы достичь новых реализаций, совершенств невиданных и нежданных». (1)*
>
> Шри Ауробиндо

Итак, нам удалось предположить некое «вертикальное» строение вселенной, но существует ещё «горизонтальное» строение внутри каждого планетарного уровня. Мы его уже частично затронули, заговорив о четырёх планетарных системах, например, в атоме пространства. Эти системы помогут нам более полно понять его внутреннее «горизонтальное» строение.

Если мы принимаем тождество структур планетарных систем на всех уровнях, то тогда не будет ли вероятным то, что становится возможным существование некоего единственного «элементарного кирпичика», который стоит в основе всего материального и нематериального строения от атома до вселенной, но который будет иметь разные параметры пространства и времени в зависимости от планетарного уровня? Не его ли мы ищем?

Формула Эйнштейна о взаимодействии материи и энергии дала нам возможность начать понимание процессов, происходящих в Материи не только в пространстве, а даже во времени, но это время мы пока ещё реально, так же хорошо, как пространство, не воспринимаем. Мы до сих пор считаем его, как бы, несуществующим. Эта формула раскрыла нам предположительное взаимодействие пространства и времени между собой и дала возможность на основании этого взаимодействия предположить полную картину строения планетарных систем, причём это строение всё больше получается единым по своей структуре, как для атома, так и для планетарных систем, подобных солнечной системе и даже вселенной.

Картина, постепенно проявляющейся модели строения планетарных систем, в общих чертах, у нас уже практически имеется, но физический смысл существования планетарных систем в материи и в энергии, в пространстве и во времени пока ещё остаётся для нас загадкой.

Нам ещё до сих пор не удалось ответить на вопрос о том, а каким же образом возникла солнечная система и наша планета Земля? Даже возникновение самого простого атома водорода ещё не понято нами. Может ли сейчас в нашем мире возникнуть новый атом водорода, а если да, то из чего и как? Мы пока не можем смоделировать такой процесс возникновения даже на самом простом атоме.

Как они все получили такое определённое строение формы в пространстве, и из каких таких частиц? Мы приходим к выводу о том, что должен внутри мира существовать некий связующий элемент, который бы был «элементарным кирпичиком» для его формирования. Нам необходимо провести поиск такого элементарного связующего звена, который бы дал нам возможность смоделировать формирование мира. Пока такое звено не найдено, нам не построить «Единую теорию мироздания».

Для его поиска нам придётся исследовать, кроме материальных знаний, некоторые духовные учения, которые бы нам хотя как-то намекнули на существование такого связующего звена. Чтобы его найти, нам необходимо точно знать, что искать и точно описать его. Что мы от него должны получить и каким хотим иметь?

Давайте попробуем составить требования к такому элементарному связующему звену мироздания: «связующее звено должно оставаться всегда одним и тем же независимо от пространственно-временных параметров любой системы мироздания с её наполнением материей или энергией; при его делении оно должно снова оставаться самим собой, образуя подобное себе множество; при соединении нескольких звеньев в единую форму оно снова должно, обретая их единство, оставаться самим собой; от минимальной бесконечности пространственно-временных параметров систем до их максимальной бесконечности оно должно быть всегда одним и тем же.»

Какая материальная частица может обладать такими свойствами?

…

Естественно, мы должны полностью отказаться от них при поиске связующего звена. Но если это не материальная частица то, тогда что им можем быть? Здесь возникает предположение, что связующее звено не должно иметь в себе ни материи, ни пространства, ни энергии, ни времени.

Получается, что в нашем материальном мире такого связующего звена нам никак не найти. Но если его не может быть в Материи, тогда давайте обратимся к духовным знаниям и поищем его там, в энергии и её Времени. Но что там можем иметь те свойства связующего звена, которые мы описали выше?

Неожиданно, мы приходим к понятию Сознания, которое, из духовных источников знаний (4), не имеет отношения ни к пространственной Материи, ни к Энергии Времени. На верхней ступени мироздания мы имеем некое Высшее Сознание, которое они называют Единым или Всевышним. Человек имеет свой уровень сознания, что говорит нам о его делении на множество. Как мы видим оно всё равно остаётся сознанием. Но что мы подразумеваем под сознанием? Давайте попытаемся найти его определение.

Итак, сознание – это …

Тут мы приходим к пониманию того, что мы на самом деле не знаем, что такое сознание. Все его ранее данные определения ничего не значат и его точно не определяют. Очень часто в определениях его путают с разумом. Мы эти определения здесь приводить не будем, а попытаемся создать своё, которое бы ему в точности соответствовало. Если сознание присутствует везде и даже в камне, и в атоме, и в электроне, и т.п., то можно говорить о его вездесущности, что нам, как раз, необходимо в связующем звене.

Прежде чем дать ему определение, давайте задумаемся, а что ещё, кроме Сознания, существует везде и во всём, живом и неживом? Если мы ответим на этот вопрос, то мы поймём, что соответствует проекции Сознания в мироздании? Только это поможет нам найти связующее звено, которое, во всяком случае, как-то будет жёстко с ним связано.

Итак, что же ещё, кроме Сознания, существует везде и во всём?

...

А везде и во всём существует Структура. Даже элементарные материальные частицы обладают собственной структурой. До сих пор академическая наука Структуру отдельно не выделяла, а считала её чем-то закономерным для Материи и не существующем самостоятельно. Только это не так!

Давайте теперь попробуем дать определение Сознания через Структуру: «Сознание – это самосуществующая, самодостаточная, самосовершенствующая и т.п. живая Структура, осознающая саму себя и которая не имеет в себе ни материи, ни пространства, ни энергии, ни времени. Она имеет в себе только некоторые свои собственные внутренние «материю», «энергию», «пространство» и «время», не имеющих никакого отношения к нашему миру. Она существует сама по себе, независимо от нашего мироздания, может жить вечно и не может быть уничтожена или разрушена.»

Чем, не связующее звено!

Духовные источники знаний помогли нам понять направление поиска связующего звена и им может оказаться некая элементарная структура, которая формирует всю Единую Структуру Мироздания.

Глава I. Планетарная система Солнце-Земля

Структура вселенской материи от частиц нейтрино до самой вселенной должна носить некий общий характер. Он явно указывает нам на структуру, имеющую пока не совсем ясный для нас, возможно, волновой характер. Она должна быть жёстко связана с какими-то пока ещё неизвестными нам свойствами света.

Мы в своих предположениях пока не учитываем в построении подобных структур свойств света, но не нашего материального света, а света в более широком смысле, некоего высшего Света, о котором, как раз, возможно, говорят многие духовные источники, называя его божественным. Может быть, как раз его соединение с Материей и даёт эффект такой структуризации материальных и энергетических частиц и создания через них планетарных систем?

Если тождество структур атома и солнечной системы имеет право на существование, то это может указать нам на некую единую для всех планетарных систем разного уровня пространства (от атома до солнечной системы и даже вселенной) элементарную «частицу», из которой складывается вся наша современная материя. Существует ли в действительности такой «элементарный кирпичик», из которого построено всё «здание» мира Материи? А если это так, то не тот ли смоделированный нами ранее на атомном уровне пространственно-временной диполь является им?

Давайте снова смоделируем его на примере нашей солнечной системы. Не будет ли она в этом случае тем «элементарным кирпичиком» уже на планетарном уровне галактики? С другой стороны, если взять атом водорода, состоящего из одного ядра и одного электрона, то не будет ли он тождественен упрощённой нами солнечной системе, имеющей также одно «ядро» – Солнце, и один «электрон» – пространственную планету? Не будет ли он на атомном уровне таким же «кирпичиком» для планетарного уровня солнечной системы?

Атом водорода имеет отношение, как к гелиоцентрической (протон и электрон) планетарной системе пространства, так и к геоцентрической (нейтрон и позитрон) планетарной системе времени, как это было предположено нами ранее. Мы же рассматриваем пока только упрощённую часть гелиоцентрической системы (Солнце и одну планету пространства). Это означает, что наша модель оказывается неполной. К ней необходимо добавить ещё упрощённую геоцентрическую систему (Земля и, возможно, планету времени, подобную Птолемеевским «небесам времени»), и только в этом случае мы можем получить более полную структуру этого «кирпичика»!

Давайте более подробно исследуем это.

Упрощённая модель солнечной системы

Полная модель солнечной системы в таком случае получается предположительно следующей: она должна содержать в себе некий центр этой единой системы – центр масс системы, вокруг которого вращаются центры систем пространства и времени, находящие в противоположных взаимно-перпендикулярных плоскостях (Солнце и Земля), как равнозначные разнознаковые величины. В этих центрах систем располагаются соответственно гелио- и геоцентрические планетарные системы, содержащие в своей структуре по одной планете (Меркурий в системе пространства, небеса Меркурия в системе времени, как электрон и позитрон). Возникает некий общий центр масс между пространством и временем, вокруг которого они должны предположительно вращаться. Этот центр, возможно, не должен иметь никакого пространства и времени, а должен находиться вовне их.

Почему мы обязательно предполагаем наличие хотя бы одной планеты? Без планет не будет ни пространства, ни времени, т.к. в этом случае останутся только их центры как нулевые значения пространства и времени, в которых располагаются Солнце и Земля соответственно. Чем сложнее структура планетарной системы по количеству планет, чем далее располагаются планеты от центра системы, тем больше пространства и времени она будет иметь. Наша модель «кирпичика» получается не первый взгляд очень простой, но так ли это на самом деле?

Можем ли мы на примере нашей упрощённой солнечной системы и имеющихся о ней знаний, определить наличие такого предположительного центра масс системы? Мы предположили, что в солнечной системе имеются центры пространства и времени, которые располагаются на определённом расстоянии друг от друга и вращаются относительно друг друга, как орбиты Солнца и Земли[5].

Ранее мы также предположили, что Солнце со своей системой является пространственной планетарной (гелиоцентрической) системой с центром времени Пространства – планетой времени Солнцем. Вокруг Солнца вращается центр пространства Времени с планетой пространства Земля. Ещё существует планетарная (геоцентрическая) система времени с нулевым центром пространства Времени – планетой пространства Земля, вокруг которой вращается центр времени Пространства – планета времени Солнце. Пространственные планеты гелиоцентрической системы, которые мы все хорошо знаем, вращаются вокруг Солнца. Планеты времени (как небеса планет) геоцентрической системы Птолемея, которые мы пока только предполагаем, вращаются вокруг Земли – центра Времени, но в другой плоскости относительно планет солнечной системы.

Если мы теперь вынесем точку наблюдения из этих обеих систем изнутри наружу (рис. 4в), то в этом случае мы получаем некую единую пространственно-временную планетарную систему Солнце-Земля, как пространственно-временной диполь. Мы можем предположить процесс одновременного вращения этих двух систем Солнца и Земли, пространства и времени вокруг их общего центра масс этой единой пространственно-временной системы.

Мы подошли в своих предположениях к некоему единому центру масс системы, который не имеет отношения

---

[5] Ранее мы имели знания, что Солнце вращается вокруг Земли. На самом деле Солнце и Земля должны вращаться вокруг центра масс единой системы, а не вокруг друг друга.

ни к пространству, ни ко времени, но вокруг которого предположительно должны вращаться Солнце и Земля, пространство и время полной солнечной системы. Только тогда мы получим этот «пространственно-временной диполь» как элементарный «кирпичик», о котором мы говорили ранее.

Если предположить наличие такого центра масс в нашей солнечной системе, то тогда становится объяснимой некоторая нестыковка в параметрах орбит двух её планет Венеры и Меркурия, которые оказываются, как бы, внутри между двумя центрами пространства и времени и центром масс системы. Эти две планеты оказываются внутри некоего круга вращения центров пространства и времени относительно предполагаемого единого центра масс системы. Они попадают под влияние не только силовых полей Солнца, но и Земли.

Давайте приведём характеристики этих планет:

– Планета Меркурий расположена на расстоянии 58 млн. км от Солнца, полный оборот вокруг него совершает за 88 суток (?). Только в 1965 г. благодаря применению радиолокации был измерен период вращения Меркурия вокруг оси, оказавшийся равным 58,65 суток (?), то есть ровно 2/3 периода обращения вокруг Солнца. Солнечные сутки на Меркурии продолжаются 176 дней;

– Венера – это вторая по расстоянию от Солнца и ближайшая к Земле планета Солнечной системы. Среднее расстояние от Солнца – 108 млн. км. Период обращения вокруг него – 225 суток. Период вращения Венеры долго не удавалось определить из-за плотности и облачного слоя, окутывающего эту планету. Только с помощью радиолокации было установлено, что он равен 243,2 суток (?).

Парадоксы этих двух планет, обозначенные знаком вопроса (?), дают некоторую реальность такого предположения: эти планеты вращаются внутри кругов вращения центров пространства и времени. Поэтому возникают такие отклонения в их параметрах от остальных планет солнечной системы. Солнце и Земля сами вращаются вокруг центра масс (рисунок 14) по определённой орбите. Тогда Меркурий и Венера оказываются расположенными около этого центра масс системы внутри круга вращения и

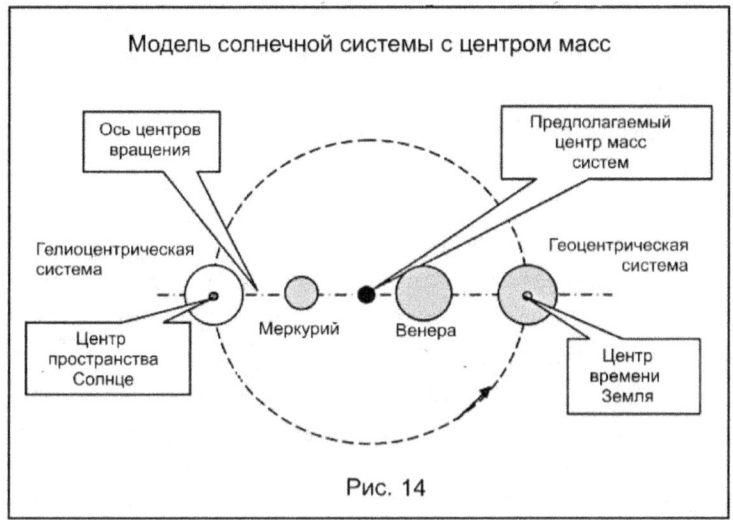

Рис. 14

поэтому могли возникнуть такие искажения в их видимых с Земли параметрах вращений. В этом случае, возможно, параметры орбит их вращения вокруг собственной оси будут отличными от других планет, а не так как мы их видим с Земли.

Можем ли мы предположительно вычислить этот центр масс солнечной системы? В ней он должен оказаться где-то посередине между орбитами Меркурия и Венеры. Если орбита Солнца нами рассматривается равной нулю, а орбита Земли равной приблизительно 150×10^9м, то центр масс может оказаться на расстоянии 75×10^9м от нашей планеты. На рисунке 14 орбита вращения центров Пространства и Времени оказалась круговой, а на самом деле она может быть эллиптической.

Учёные предполагают наличие центра масс этой системы где-то внутри Солнца, но они исходят при своих вычислениях только на массе пространственной части системы и совершенно не учитывают геоцентрическую систему Времени, которая имеет свою массу в этой единой системе. Поэтому мы предполагаем центр масс системы на её среднеарифметическом расстоянии между Солнцем и Землёю, учитывая и предполагая обязательное равенство масс этих двух систем: гелиоцентрической и геоцентрической. Иначе, система окажется неустойчивой.

Рисунок 14 показал нам плоское вращение оси единения систем вокруг центра масс. На самом деле, это вращение может происходить не в плоскости, а уже рассматривается нами как объёмное или сферическое вращение. Возникает некоторый парадокс в этих движениях:
- Земля, как нами предположено, вращается вокруг Солнца в плоскости пространства единой системы;
- Солнце вращается вокруг Земли в плоскости времени той же системы, которая перпендикулярна плоскости пространства;
- эти вращения происходят одновременно в двух взаимно-перпендикулярных плоскостях, где сами плоскости вращаются вместе с их нулевыми значениями.

Если снова вынести точку наблюдения изнутри системы наружу, то тогда можно увидеть единое пространственно-временное движение Солнца и Земли с их планетами в обеих плоскостях одновременно.

«Фантомы» планетарных систем

Можем ли мы принять модель на рисунке 14, как модель «элементарного кирпичика», удалив, например, из него планету Венера?

Как часть целого – можем, но эта картина модели всё равно ещё остаётся неполной. Она описывает нам всего две системы, например, положительного пространства +S (гелиоцентрическая система) и положительного времени +T (геоцентрическая система), но по нашим предположениям должны ещё существовать отрицательные системы пространства –S и времени –T. Кроме них ещё должны существовать другие системы: гелиоцентрической системы +t, –t; геоцентрической системы +s, –s. У нас обнаружилась то, что в модели не хватает, как минимум, ещё шести планетарных систем.

Такое предположение о наличие стольких систем замечательно подтвердили наши современные знания об атоме (протон, состоящий из трёх кварков, плюс электрон и нейтрон, состоящий из трёх кварков, плюс позитрон).

Попытаемся и мы представить себе и найти их в нашей упрощённой единой солнечной системе.

Если снова обратиться к атому водорода, то там все эти недостающие системы располагаются внутри ядра, за исключением, возможно, позитрона. Протон состоит из трёх кварков и если их перевести в системы, то это будут: кварк положительного времени +t; кварк отрицательного времени –t и кварк отрицательного пространства –S. Можем ли мы предположить, что наша солнечная система также может иметь такое «ядро с тремя кварками»?

Предположить мы можем всё, а вот увидеть это через термоядерную оболочку Солнца, к сожалению, не можем, но можем сделать вывод из структуры атома водорода о том, что в положительном пространстве +S может существовать только система положительного пространства, а все остальные системы в ней, как бы, отсутствуют. Системы отрицательного пространства и положительного и отрицательного времени превращаются в некую «точку», находящуюся в центре положительного пространства, в его нулевой точке, т.е., возможно, внутри Солнца. Они должны будут составлять его ядро.

Наше положительное пространственное мышление и соответствующий этому положительно-пространственный разум со своими пространственными «щупальцами» искажает нам реальную действительность. Только выходя за пределы нашего пространства, нашего разума и даже времени, мы сможем составить реальную модель атома и солнечной планетарной системы.

Итак, нам пока удаётся предположить, что в нашем пространстве эти недостающие системы (–S, +t, –t) могут находиться в «ядре» Солнца, скрываясь за его термоядерной оболочкой. Все системы, которые мы сейчас рассмотрели, относятся к некоему бо́льшему Пространству, которое также должно иметь своего большого «брата» – бо́льшее Время. Где же нам удастся найти эти недостающие звенья модели?

Снова атом водорода поможет нам в этом, ведь в нём ещё есть нейтрон, который также состоит их трёх кварков-систем. Таким образом, можно предположить существование ещё трёх недостающих звеньев – систем уже геоцентрической системы (–T, +s, –s). Возникает предположение, что эти системы должны находиться внутри Земли, о чём мы утверждали ранее. «Нейтрон» в ядре Земли имеет: «системы-кварки» положительного +s и отрицательного –s пространств; отрицательного времени –T. Система положительного времени +T будет аналогичной позитрону атома водорода.

Все эти недостающие системы Времени (–T, +s, –s), оказываются, также должны находиться в ядре атома. Они все будут относительно нашего пространства свёрнуты в «точку». Если же снова выйти за пределы нашего мышления, то они развернутся в аналогичные нашей солнечной системе планетарные системы Времени, причём, их вращение будет иным (система Птолемея). Оно будет перпендикулярным вращению четырём системам пространства. Всё наше тёмное небо говорит нам о возможном существовании самого Времени с вкраплениями пространства в виде сияющих звёзд и планет.

Давайте подведём некоторый итог наших исследований «элементарного кирпичика»: мы в этой модели получили восемь планетарных систем в структуре «элементарного кирпичика»: четыре в пространстве и четыре во времени. Теперь наша модель стала полной и можно сказать, что у нас получилось представить себе этот первичный элемент, который должен входить в качестве «элементарного кирпичика» в любые планетарные системы.

Но вот, что самое интересное, у нас получилось в предполагаемой модели по четыре системы в Пространстве и во Времени. Получается, что наш «кирпичик» можно упростить, т.к. он оказывается одним и тем же для пространства и времени, т.е. содержит в себе одну и ту же структуру. Тогда ему будут соответствовать только четыре системы: две пространства и две времени. Наша модель будет одна и та же для Пространства и для Времени, а отличаться станет только своими параметрами и начальной фазой состояния.

Конечно, это только предположение такой структуры модели «элементарного кирпичика», как и самого «кирпичика». Нам необходимо это более тщательно проверить.

Модель, подобная атому водорода

Ранее мы предположили, что Материя разбита по уровням пространства и времени, которые отличаются друг от друга на величину скорости света – С и плоскостям размещения (рисунок 13). Тогда вполне возможно, что планетарная структура солнечной системы «набирается» из таких же «элементарных кирпичиков. Сколько «сложено» «кирпичиков», столько планет – в планетарной системе. Точно так же и атом, который имеет меньшие характеристики пространства и времени, может «набираться» уже из своих «элементарных кирпичиков». Принцип построения структуры у них должен быть одним и тем же, а вот плоскость размещения может быть разной.

Нам удалось установить некую закономерность в создании структур. Например, имеется некий первичный «кирпичик материи», имеющий определённые свойства: силу, период вращения, частоту, длину волны, начальную фазу и им подобные величины, которые уже могут описать его определённой формулой, и к нему мы присоединяем ещё один «кирпичию», но тот имеет уже другие параметры, например, другую величину начальной фазы состояния, хотя его «структурная формула» будет той же самой. Возникает уже новый элемент, состоящий из двух «кирпичиков», например, гелий, но для его описания уже нужно соединить «структурные формулы» обоих «кирпичиков» вместе. Таким же образом можно описать и другие химические элементы атомного уровня.

Таким же образом, мы можем попытаться описать и структуры другого материального уровня, например, солнечной системы. Каждая её планета – это тот самый «элементарный кирпичию», имеющий определённые параметры указанных нами величин. Стоит нам их соединить все вместе и тогда мы получим многоорбитальную структуру солнечной системы. Мы уже, практически, можем смоделировать любую систему, любого уровня и сложности.

Любое материальное тело состоит из атомов, имеющих разную структуру. Их прототипом, скорее всего, явился атом водорода, который в нашей эволюции был сформирован одним из первых. Он, возможно, послужил прототипом «кирпичика» для формирования всех остальных атомных элементов.

Мы уже приводили пример сложения структур элементов водорода между собой, получая гелий. Если добавить атом водорода к атому гелия (как бы, прикрепить к нему ещё один «кирпичию»), то он образует уже новую атомную структуру, соответствующей уже структуре элемента «литий». Может в этом и заключается принцип эволюции атомной материи?

Можно говорить о некоторой возможной атомной эволюции, которая начиналась с атома водорода и кончается на современном этапе последними элементами Таблицы периодической элементов Д.И. Менделеева. Если нам удастся доказать описанную нами структуру такого «элементарного кирпичика», то тогда у нас будет возможность смоделировать любую планетарную систему и любой атом.

Нам осталось только понять, какая сила соединяет эти «кирпичики» вместе и удерживает их, не давая им распадаться? Какая «иголка с ниткой» нанизывает их друг на друга, «сшивая» их и получая разные элементы, формы и тела?

Предположительная модель «элементарного кирпичика» у нас получается одновременно простой и сложной, но аналогичной по своей структуре атому пространства или атому времени водорода. Она дала нам возможность понять и предположить, что со сложением структур таких «кирпичиков» количество планетарных систем (по четыре системы в каждой плоскости) у нас не растёт, но растёт сложность и множественность их единой внутренней структуры. Здесь уже можно говорить о некотором расширении структур систем.

Если говорить о протоне и нейтроне, то современная наука утверждает, что с количеством порядкового атомного номера растёт и их количество в атоме. Но у нас возникает иная картина: в каждой структуре системы любой сложности в одной из бо́льших плоскостей имеется только четыре планетарных систем, по количеству внутренних плоскостей: две пространства и две времени. Это говорит нам о том, что (давайте, это рассмотрим на примере протона) протон в атоме, возможно, один, а сложность его внутренней структуры растёт с увеличением атомного номера. Протон содержит в себе только три планетарные системы, о которых мы говорили ранее (три кварка). В атоме, с ростом его порядкового номера, растёт только количество кварков-планет в этих системах, а не количество протонов или нейтронов. Системы-кварки внутри протона в ядре атома, как бы, оказываются нанизанными на некую «нитку», которая связывает их между собой, последовательно или находятся в виде некоего объёма, возможно, в виде шара, соединяясь параллельно (здесь ещё надо разбираться). Протон в ядре любого атома получается единым, но его «орбитальная» структура в Таблице периодической элементов соответствует его атомному номеру. Мы получаем в атоме некий «единый» протон, имеющий в своей структуре последовательно или параллельно сложенные и связанные между собой единичные кварки-планеты, подобно планетам солнечной системы.

Сейчас мы пришли к тому выводу, который позволяет нам начать поиски той силы в Природе, которая создаёт сложные структуры и удерживает их от распада. Мы уже говорим не о химических связях между атомами, а о том, каким образом можно изменять структуру атомов, не прибегая к химическим связям, о некой внутренней силе Материи в атоме, о её памяти.

Алхимики средних веков, интуитивно понимая это, пытались получить, например, золото каким-то другим путём, без использования химических законов. Но они так и не смогли решить такую задачу: как можно изменять структуру атома не химическим, а иным способом, как разрушить память Материи и создать новую структуру, которая обретёт уже новую память?

Теперь нам осталось изобразить графически модель «элементарного кирпичика» и доказать её реальность, но для этого необходимо понять, что за сила удерживает четыре системы вокруг единого центра масс системы, не давая им распадаться?

Глава II. Свет, который создаёт планетарные системы

«Элементарный кирпичику» мироздания, предположенный и описанный нами выше, может действительно послужить неким «строительным материалом» для нашей Природы. Но нам ещё необходимо найти «цементный раствор», который бы удержал системы от распада. Что для неё послужит «цементным раствором», пока остаётся загадкой.

Большая тайна заключается в том, кто является тем главным архитектором-творцом, который «строит здание» нашего мира, складывая такие «кирпичики»? Эти вопросы не дают нам покоя всю нашу сознательную жизнь, но ответа на них до сих пор нет.

Как нам соединить между собой даже два самых простых «элементарных кирпичика», два простейших атома водорода, чтобы получить новый атом гелия? Вроде бы самый простой опыт в нашей действительности, но как нам найти ту связующую силу, которая послужит нам тем «цементным раствором» при строительстве «здания», которая соединит эти два атома в один? Такой опыт нашему разуму пока не одолеть, мы ещё бессильны для него. Нам надо начинать исследование с самого начала, чтобы что-либо понять в таком мировом «строительстве».

Ранее мы говорили о памяти Материи, о её внутренней силе запоминать любое внешнее воздействие на неё. Это свойство Материи – подобно пластилину: приложил внешнюю силу – получил форму, которая не рассыпается и остаётся той же самой до следующего подобного действия. Новое внешнее воздействие силы – новая форма.

Кстати глина, из которой сделан пластилин, состоит, как раз, из подобных «кирпичиков», чешуек, наложенных друг на друга. Они какой-то неизвестной нам силой связаны между собой. Поэтому она получается такой пластичной по своей структуре, к тому же она очень красивая под микроскопом.

Где нам в Материи, чтобы стать творцами Природы, отыскать «механизм», который бы формировал из её бесформенного «пластилина» миры?

Игра Света в Материи

А такой «механизм» их формирования должен существовать. Что же оказывает на Материю силовое воздействие и заставляет её «прогибаться» под него?

Остаётся в нашей «корзине» знаний ещё нечто, что духовные источники назвали Высшим Светом. Именно он способен каким-то образом творить в Материи свои структуры, делая их уже материальными, как бы этим материализуя себя в ней. Материя отвечает на его силовое воздействие и запоминает его уже в своих структурах. Соединение Света и Материи образует наш мир, создавая в нём все известные и неизвестные разумные материальные формы. Может быть здесь, в этом высшем Свете, нам попытаться отыскать эту творческую силу Материи?

Значит, всё же, – Игра Света? Не здесь ли, в нашей жизни она проявляется в полной мере? Кванты Света, которые кем-то или чем-то остановленные могут становиться материей в пространстве, а разогнанные – энергией во времени, не они ли играют в этом главную роль? Давайте попробуем обратиться к нашему обычному свету, который изучается нами, и попытаемся соединить его кванты между собой на рисунке 15.

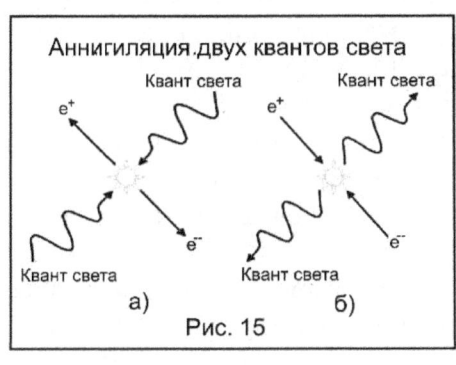

Рис. 15

Нашей науке известно, что в нашем материальном мире существуют электрон и позитрон, которые при аннигиляции (столкновении) уничтожают друг друга, и при этом выделяются кванты света (рисунок 15б). Может происходить и обратное действие, из квантов света, которые сталкиваются друг с другом, образуются электрон и позитрон (рисунок 15а). А это как раз то, что нам нужно для нашего моделирования. На рисунке 15а можно увидеть, как в центре масс данной системы, где происходит столкновение квантов света, рождаются две частицы:

- частица электрон (e^-) – материальное тело в пространстве;
- частица позитрон (e^+) – энергетическое тело во времени.

Только в этом примере не происходит сцепления образованных частиц друг с другом, а также соединения пространства и времени в единое целое. Здесь не происходит создания новой атомной системы и отсутствует связующая сила, удерживающая частицы на орбите вокруг центра масс, как нет, вероятно, и самого центра масс. Они просто исчезают и нового атома не возникает. Почему так происходит?

Мы вроде бы получили новое материальное тело в виде, например, электрона, но оно исчезло, а не осталось в системе. На рисунке 15а мы имеем: два кванта, два новых материальных тела, центр системы масс, вокруг которого они бы должны объединиться и это пока всё. Чего нам не хватает, какой элемент в нашем примере отсутствует, чтобы позволить частицам создать новую систему?

Чем, какой силой или структурой дополнить нашу модель? В модели отсутствует связующая сила в центре масс системы, которая должна была бы удержать эти частицы и заставить их вращаться вокруг себя по орбите. У нас вроде бы получилась некоторое моделирование нового атома, и мы получили электрон и позитрон из двух квантов света, но не получили сам атом. Модель оказалась не полной и в ней чего-то не хватает, но чего?

На рисунке 15 кванты света имеют одинаковые знаки полярности, но разный вектор направления; они оба излучают свет, а что, если изменить знак полярности одного из квантов света. Давайте поменяем его фазу состояния на 180^0, т.е. сделаем его, как бы, зеркальным кванту света! Что в этом случае произойдёт в процессе их столкновения? Только в начале нам надо бы понять, что станет со свойствами такого зеркального кванта света?

Допустим, что квант света имеет начальную фазу состояния 0^0 и от этого имеет положительную полярность – он

Глава II Свет, который создаёт планетарные системы

излучает энергию света. В нашем мире ещё существует тьма, а откуда берётся она, ведь её можно назвать противоположностью света или светом с отрицательной полярностью. Можно перефразировать выражение так: квант света излучает энергию тьмы. Он ведь может не только испускать свет в нашем двойственном мире, но и должен иметь противоположную функцию – поглощать свет. Отсутствие света в Материи не означает, что она осталась без него и должна обладать только тьмой. Отсутствие в ней света и тьмы одновременно означает, что она, в этом случае, должна быть невидимая, какая-то прозрачная, но не тёмная. Тьма определяет наличие в ней чего-то другого, некой силы кванта, образующего её.

В библейской «Первой Моисеевой книги Бытие» в косвенном подтверждении нашего предположения в начале нашей эволюции говориться о том, что «Земля была безвидна и пуста». Это говорит о её состоянии некой первородной изначальной материи «безвидной» (без света и тьмы) и «пустой» (не имеющей в себе структур).

Попробуем предположить тот факт, что квант тьмы – это такой же квант света, только отрицательной полярности. Отсюда, его начальная фаза состояния может оказываться сдвинутой относительно обычного света на 180^0 и стать ему зеркальной. От этого свет становиться отрицательным и теперь должен будет не излучать, а поглощать энергию света, образуя тьму. Чем больше поглощается света, тем сильнее тьма.

Чёрные дыры – самые сильные поглотители света во вселенной, а звёзды – самые сильные его излучатели. Получается, что, возможно, свет и тьма имеют одну и ту же природу и отличаются между собой только начальными фазами периодов колебаний квантов: тьма – это всё тот же свет.

Если соединить их в равных пропорциях то, что мы тогда получим? В этом случае мы ничего не должны будем увидеть, т.к. не будет ни света, ни тьмы, а среда станет прозрачной и невидимой. Это, возможно, и есть то нейтральное изначальное состояние Материи. Если мы каким-то образом скомпенсируем свет нашего тела человека тьмой, то оно, возможно, станет полностью невидимым. Нам ещё предстоит проверить правильность такого предположения.

Сейчас мы описали квант света относительно нашего пространства, а что если наше наблюдение перенести в плоскость времени, в плоскость потустороннего для нас мира? Самое интересное теперь будет состоять в том, что всё поменяется зеркально местами и наш свет становится тьмой, а тьма – светом, и это не фантастика, а реальность. Время сдвинуто относительно пространства на величину 90^0, что делает его кванты немного другими относительно пространства.

Эта относительность нашего мира постоянно преследует нас. Иногда нам становится совершенно непонятно, в каком мире мы ищем наши знания в этом или в том? Учёные физики такую симметрию мира назвали зеркальной, а потусторонний мир – зазеркальем.

Четыре состояния

Продолжим далее размышления о нашем обычном кванте света. Давайте обратимся теперь к рисунку 16. На нём изображено четыре возможных варианта соединения квантов света и тьмы. Два таких разнополярных кванта, сближаясь, уже образуют только одну из частиц: электрон (e^-) или позитрон (e^+). Квант света – это электромагнитное колебание частиц, т.е. образуется

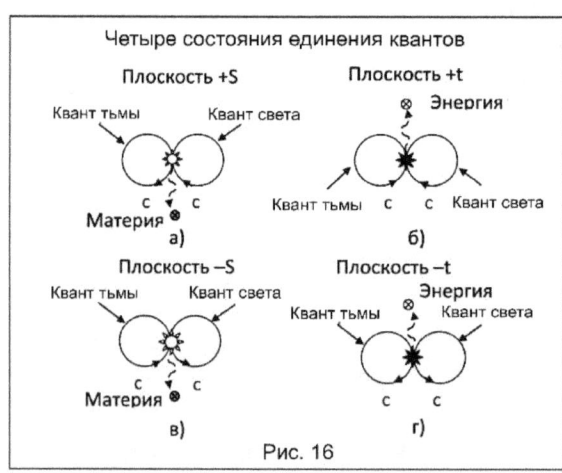

Рис. 16

вращение этих частиц в замкнутом системе со скоростью света $3*10^8$м/с (в нашем случае). Второй квант, который будет уже квантом тьмы, вращается с такой же скоростью, только его направление вращения соответствует первому, только начальная фаза колебания сдвинута относительно первого кванта света на 180^0. Их суммарная скорость при соприкосновении будет равна C^2 (рисунок 16б, 16г), т.к. второй квант разгоняется ещё до одной скорости света – С при помощи первого кванта. По формуле Эйнштейна энергия – это разогнанная частица до скорости C^2. При соединении квантов происходит именно это, т.е. формируется только одна частица энергии во времени.

А теперь представим себе, что кванты света и тьмы вращаются встречно (рисунок 16а, 16в) и их суммарная относительная скорость при соединении будет равна С/С=1. Здесь мы уже получим остановленную материальную частицу пространства. Почему эта относительная скорость стала равна единице? Относительно нашей точки наблюдения единица означает, что относительно нас – наша скорость и скорость полученного материального тела одинаковая, т.е. равная. В этом случае, при сложении двух квантов света образуются материальное тело пространства, как нами было указано ранее.

Рисунки 16а, 16в имеют отношение к плоскости пространства, но имеющие разные его знаки +S, –S, а если эту плоскость развернуть перпендикулярно пространству, то мы получим время +t, –t и рисунки 16б, 16г, но действия на них станут зеркальными пространству. Рисунок 16 имеет отношение только к плоскости некоего бо́льшего Пространства. Мы напоминаем о бо́льшем Пространстве только потому, что существует ещё бо́льшее Время, в котором весь этот рисунок 16 станет зеркальным, потому что фазы всех квантов окажутся сдвинутыми на 90^0.

На рисунке 16 бо́льшего Пространства мы видим четыре возможных варианта соединения квантов света и тьмы: два в пространстве и два во времени, и таким образом, возможно, что именно они могут создать в нашей модели эти четыре системы (S, –S, t, –t), которые мы предполагаем.

Принцип развёртывания системы предположительно будет таким: два кванта с разным знаком состояния (света и тьмы) образуют материальное тело, которое в два раза крупнее, так как не было образовано энергетического тела (рисунок 16а, 16в). Кванты не исчезли после столкновения, а

Часть 2. «Элементарный кирпичик» Материи

их остановленная энергия образовала материальное тело, которое сосредоточила бывшую их энергию в одном материальном теле в определённой его структуре, связав её пространством.

Электрическая и магнитная силы квантов света образовали эту структуру, наполнив её частицами. После окончания действия этих сил, эта сформированная материя вроде бы должна существовать вечно, но их нечем заставить вращаться на орбитах вокруг центра массы, потому что мы пока ещё не нашли эту силу единения. Образовавшиеся частицы имеют собственную силу и как только заканчивается действие энергий квантов при её формировании, этот процесс должен или остановиться, или принять обратный этому характер.

Космос не имеет инерции, и один раз созданное материальное тело будет вращаться вечно, пока другая сила не изменит это. Теперь попробуем логически мыслить дальше. Пространство Космоса, где происходит это действие, не имеет ни времени, ни пространства или имеет их с огромными величинами, стремящимися к бесконечности, к тому же там отсутствует инерция. Центр массы (систем), где будет происходить это действие, можно назвать центром масс будущей планетарной или атомной систем.

При столкновении двух квантов нашего материального света (рисунок 15а) образуются электрон (e^-) и позитрон (e^+). А что произойдёт, если период этих колебаний квантов сильно уменьшить? Вероятно, будут образованы более мелкие частицы, может быть мезоны или что-то близкое к этому. А теперь давайте представим себе, что период колебания квантов света стал равняться миллионам или миллиардам лет, что произойдёт в этом случае? Может, в этом случае, как раз, и будет рождена солнечная система?

Отличие процесса формирования электронно-позитронной пары от формирования планетарной системы может состоять только в том, что наши кванты света на рисунке 15 видимы нашими «щупальцами», а кванты света, формирующие планетарную материю, невидимы нам, поэтому они для нашей науки составляют некоторую тайну.

В нашей модели планетарные кванты света также должны иметь в своём составе частицы со своими пространственно-временными параметрами. Формирование планет возможно только тогда, когда происходит столкновение двух квантов вселенского масштаба, только каких? Мы сейчас приблизились к такому пониманию, что вышли на уровень каких-то вселенских квантов света, из которых, возможно, формируется вся наша планетарная вселенная.

Скорее всего, этот принцип формирования планетарных тел больше всего подходит для нас и его можно рассмотреть при моделировании вселенной, тем более что энергия кванта света имеет прямую зависимость от его периода. Сила кванта света (тьмы) и его период колебания сильно взаимосвязаны: чем больше период колебания, тем больше квант имеет в своём составе частиц, тем больше его сила и больше пространства и времени он формирует при развёртывании и наоборот. Если мы имеем период колебаний кванта в миллиард лет ($31,5*10^{15}$Сек) вместо периода нашего обычного кванта света – $0,25\times10^{-15}$Сек, то представляете себе, какую энергию должен тогда иметь такой квант света. Его энергия приблизительно в $1,26\times10^{32}$ раз будет больше энергии обычного кванта света.

Давайте подсчитаем эту энергию планетарного кванта света: она будет приблизительно равна $5,6\times10^{13}$Дж. Энергия вроде бы и небольшая, но формирование планетарных тел во вселенной, возможно, идёт по такому закону, что этой энергии оказывается достаточно, чтобы развернуть огромное планетарное тело. Обычный квант света своей энергией равной $4,3\times10^{-19}$ Дж может сформировать частицу подобную электрону, а такой планетарный квант света, значит, может создать планетарное тело по размерам больше электрона в $1,26\times10^{32}$ раз. А если таких квантов множество?

Может быть, из такого света и строится вся наша вселенная? Мы сейчас близки к пониманию возникновения планетарных тел, но каким образом происходит их расширение в пространстве и времени, каков возможный принцип развёртывания вселенной? На рисунке 16 создаваемые частицы несли в себе нечто подобное единичному пространству или времени, которые были очень малы. Они просто обозначались как частицы пространства или времени, но не были самим временем или пространством системы. Значит, пространство или время системы образует нечто другое, а не эти частицы, и не эти кванты света и тьмы, но тогда что?

Квант света, вращающий электроны

Вернёмся снова к двум взаимно-перпендикулярным планетарным системам Солнца и Земли. В наших опытах с обычным светом мы получали отдельно материальную частицу, отдельно энергетическую частицу и одновременно и то, и другое. Всё зависело от начальной фазы состояния квантов. Всё вроде бы просто, сложи два кванта света с разными фазами состояния и получи то, что хочешь. Но всё ли так просто?

Анализируя строение солнечной системы, мы пришли к некоторому центру масс систем, который соединяет в себе две (если не восемь) разнополярные планетарные системы, известные нам. В наших опытах рисунка 16 мы этого не видим, кроме некоего центра масс единения квантов, но который не способен удержать эти частицы около себя. Что же не даёт планетарным и атомным системам рассыпаться, как тем частицам из рисунка 16?

Явно должна существовать ещё одна сила, способная удержать их. В центре систем должна существовать ещё одна третья сила, которая заставляет все образованные частицы вращаться вокруг него по своим орбитам. В этом случае образование этих указанных систем может идти при помощи не двух, а, скорее всего, трёх квантов света, где один из них будет центральным, образующим истинный центр масс системы, а также пространство и время уже самой единой системы, в которой будут вращаться образованные частицы.

Давайте предположим такую структурную схему, которая изображена на рисунке 17. Первое на что хочется обратить внимание, в этой схеме должно иметь место некоторое квантование энергии квантов. Кванты света и тьмы должны быть в сумме равными в своей энергии центральному кванту и наоборот. Он должен иметь энергии в два раза больше, чем квант света или тьмы. Получается, что его период колебаний больше, чем у тех двух квантов.

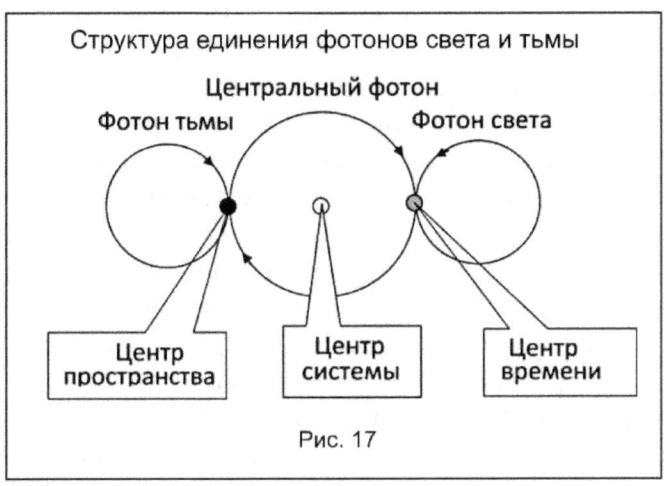

Рис. 17

Сейчас мы приблизились к нашей реальности: есть удерживающая сила центрального кванта, которая не даст взаимно-перпендикулярным системам рассыпаться, удерживая центры пространства и времени на определённом расстоянии или времени от центра масс системы, заставляя их вращаться вокруг себя. На этом рисунке 17 центр пространства возникает тогда, когда результирующая скорость кванта тьмы и центрального кванта становится равной единице, т.е. мы здесь получаем материальную частицу. В центре времени результирующая скорость квантов равна квадрату скорости света, а это уже энергия и время. Самое главное состоит в том, что центральный квант уже не даёт созданным телам оставить систему, как это было у нас на рисунке 16. Он будет удерживать частицы и заставит их вращаться на своих взаимно-перпендикулярных орбитах, не отпуская их от себя.

В нашей модели пока возникли только две взаимно-перпендикулярные системы: система положительного пространства +S (рисунок 16а), система положительного времени +t (рисунок 16б). У нас остались ещё две недостающие системы (–S, –t). На рисунке 16 осталось ещё два варианта образования частиц, которые в нашей модели рисунка 17 пока не проходят. Если нам удастся их каким-то образом соединить с остальными квантами этой модели, то в этом случае модель может оказаться полной.

Ясно одно, что они каким-то образом должны оказаться соединёнными с центральным квантом системы и он должен вырасти в своей энергетике ещё вдвое. Предположим также и новое условие структурирования: должно существовать некоторое чередование пространств и времён и их последовательность может быть, например, следующей: +S, +t, −S, −t, конечно это относительно и чередование в таком качестве может начинаться с любого элемента, например, +t, −S, −t, +S и т.п. Всё будет зависеть от начальной фазы состояния центрального кванта. Что нам создаёт в центральном кванте пространство и время? Что представляет собой сам центральный квант света?

Это электромагнитное колебание, наполненное частицами и содержит один его полный период в 360^0. Мы пришли к некоторому, может быть, самому главному выводу: а что если последовательность +S, +t, −S, −t соответствует другой последовательности +H, +E, −H, −E центрального кванта света, где E и H − электрическая и магнитная силы кванта света соответственно? Не они ли формируют пространство и время в формируемой системе?

Глава III. Горизонтальная модель «пяти колец»

В исследованиях связующего звена мироздания нам очень серьёзно удалось приблизиться к его тайне структурного построения на всех планетарных уровнях, к этой вековой загадке, которую человек не смог разгадать до сих пор. Может быть, нам действительно удастся отыскать это связующее звено и на его основе приблизиться к единой структуре мироздания?

Все наши предположения пока содержат в себе только часть знаний о единении мироздания и пока только в виде такого мистического «элементарного кирпичика» вселенной, но не более того. Наши предыдущие исследования подтвердили его наличие в двух системах вселенной: атомной и солнечной. Мы уже, возможно, сильно приблизились к тому, что составляет элементарную основу такого связующего звена мироздания, из которой складывается вся его структура.

Элементарная структура «Нави»

Давайте, попробуем представить себе структурную модель такого «элементарного кирпичика» Материи, который далее должен помочь нам построить полную модель некой внутриуровневой элементарной частицы вселенной, которая бы стала элементарной основой для неё. Только мы назовём её не элементарной частицей, которая никак не может быть таким связующим звеном, как указано нами ранее, а «элементарной структурой Нави».

Элементарная структура Нави (далее ЭСН) должна будет соответствовать всему процессу формирования структур Материи на всех её планетарных уровнях, но только внутри них. Она не предназначена для соединения миров между собой и работает только внутри миров. Полная структура любого мира должна складываться из таких элементарных структур. Давайте более подробно её исследуем.

Для начала, нам придётся определиться с тем, что должно войти в модель ЭСН? В первую очередь, это будут силы, которые должны быть задействованы в ней для её материализации на различных планетарных уровнях. Они могут быть одной и той же Силой, которая разбивается на несколько сил, расходящихся от неё, как лучи света от Солнца. Каждая из этих сил уже будут соответствовать своим пространственно-временным параметрам и поэтому уровни этих сил должны быть разными.

Мы уже можем даже предположить, что это могут быть следующие виды сил, известных нашей науке:
- сила гравитации (4 планетарный уровень);
- сила антигравитации (4 планетарный уровень);
- магнитная сила (3 планетарный уровень);
- электрическая сила (3 планетарный уровень);
- сильное взаимодействие (2 планетарный уровень);
- слабое взаимодействие (2 планетарный уровень).

Они имеют под собой одну и ту же основу, только действуют на разных планетарных уровнях с разными пространственно-временными характеристиками. Тем более, что мы даже наметили их двойственность действий на трёх планетарных уровнях. Мы не будем пока вникать в единство сил Природы и оставим это исследование для будущего.

Все эти силы в конечном итоге принадлежат квантам света и находятся в его составе, но имеют разные характеристики пространства и времени, разную величину наполнения частицами света и разную фазу их состояния. Мы даже можем уверенно сказать, что электромагнитные силы точно входят в состав кванта обычного света. Две другие силы, возможно, в виду отличия их параметров от 3-го планетарного уровня, имеют другой тип кванта, который уже имеет отношение не к обычному свету, а к некоему другому типу «света». Их отличие друг от друга состоит, как раз, в различии пространственно-временных параметров. Оно и определяет различие в типах сил.

Давайте пока вернёмся к понятию кванта обычного света. Мы уже о нём имеем знания и попытаемся на его основе

отыскать ЭСН. Итак, кванты обычного света имеют в своём составе:
- материю – представляющую собой скопление частиц, из которых затем, при аннигиляции квантов, образуются материальные или энергетические тела в зависимости от плоскости приложения силы;
- силы – представляющие собой электрические силы со знаками плюс и минус, и магнитные силы со знаками плюс и минус с определённым периодом и фазой колебаний, но без наполнения частицами, что означает без пространства и времени.

Получается, что в модели ЭСН должны действовать четыре возможных сил кванта света: электрическая сила (сила времени) со знаком плюс и минус; магнитная сила (сила пространства) со знаками плюс и минус. Материя кванта света имеет в себе только элементарные частицы. Они под воздействием магнитной силы, возможно, формируют материальную частицу пространства, причём, формирование идёт в положительном пространстве, если она имеет знак плюс, или отрицательном – если имеет знак минус. Под воздействием электрической силы они формируют энергетическую частицу времени, причём, в положительном – если она имеет знак плюс, или отрицательном – если имеет знак минус.

Предполагаемая нами «элементарная структура Нави» не должна содержать в себе ни пространства, ни времени, ни материи, ни энергии. Она неизменная для всего: от пространства и времени, независимо от их знака, и от количества частиц, ибо это только «пустая» структура. Если из кванта света удалить все силы и частицы, то что в нём тогда останется?

Останется в нём только «пустая» структура, которая пока для нас неизвестно из чего сделана, но предполагается, что она самонастраиваемая, самосовершенствующая и т.п. – она получается живая (в Библии она описана, как Дух Божий). Когда такая элементарная структура света воздействует на материю своей внутренней силой, то он заставляет её структурироваться под себя. Поэтому, она обязательно должна иметь в себе свою внутреннюю силу, ибо только через неё она может воздействовать на материю. Своей внутренней силой она заставляет материю зеркально копировать в ней свою структуру и далее наполнять её частицами. Тем самым, ЭСН только в материи, наполняясь её частицами, обретает пространство и время и силы. Таким образом ЭСН материализует себя в Материи, причём знак пространства (знак магнитной силы) и времени (знак электрической силы) зависит от знака приложенной силы кванта.

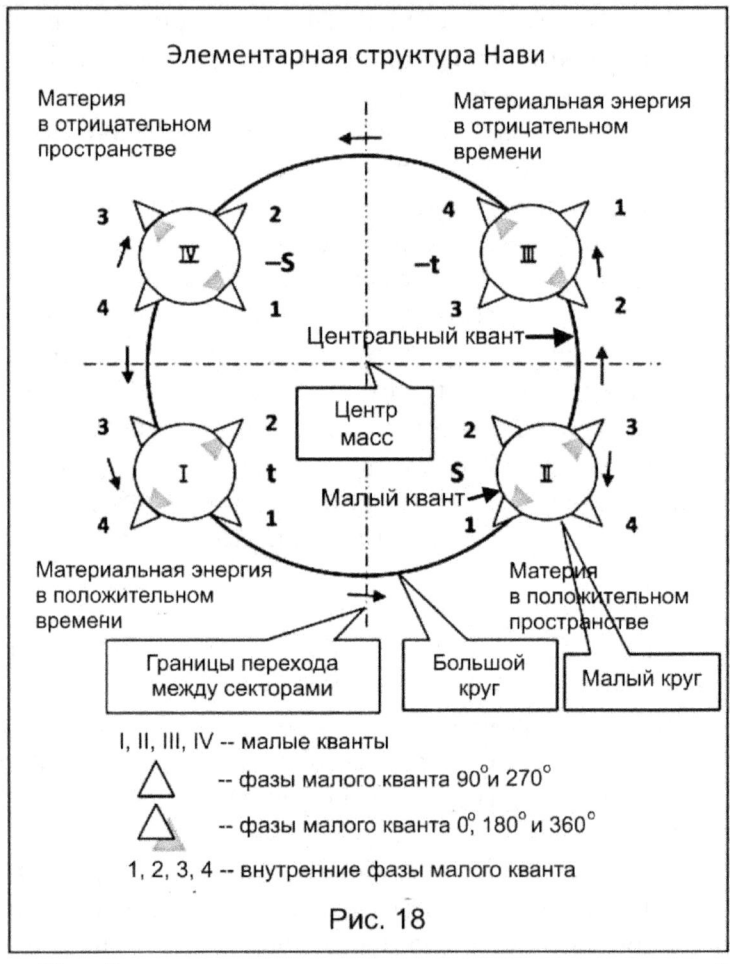

Рис. 18

Давайте наконец-то попытаемся представить себе эту модель «элементарной структуры Нави», чтобы она приняла видимые для нас формы и очертания. Для этого материализуем её на рисунке 18. ЭСН проявилась у нас ранее уже в готовом виде как символическое видение, которое мы и изобразили на рисунке 18. Нам теперь остаётся только расшифровать её символы и материализовать в своих знаниях.

Как мы ранее предполагали, модель ЭСН состоит из центрального кванта – большой круг и четырёх малых квантов – четыре малых круга по периметру большого круга, по одному малому кругу в каждом его секторе. Большой круг, как центральный квант разбит на четыре сектора, указывающие на его периоды. Каждый сектор центрального кванта формирует при помощи малых квантов свою планетарную систему в соответствующем им пространстве и времени: +S, –S, +t, –t. Сектора формирования положительного и отрицательного пространств (+S, –S) соответствуют магнитным силам кванта с теми же знаками полярности (+H, –H), а сектора положительного и отрицательного времён (+t, –t) – электрическим силам (+E, –E) той же полярности. Всё это опять относительно.

В каждом малом круге имеются свои четыре периода вращения кванта (1, 2, 3, 4), обозначенные треугольниками, где простые треугольники обозначают магнитную силу, а треугольники с тенью – электрическую силу (полярность их не указана). Эти периоды располагаются в малом круге, как и в большом круге, через каждые 90^0, также разбивая малый круг на четыре своих внутренних сектора. Фаза этих периодов меняется от сектора к сектору 1, 2, 3, 4 соответственно $0^0, 90^0, 180^0, 270^0$. Но, возможно, продолжительность периодов в малых квантах света может быть различной. Это мы попытаемся подтвердить позднее.

Начальная фаза малых квантов смещается, переходя от сектора к сектору большого круга – центрального кванта. Вращение всех малых кругов происходит во времени и в пространстве центрального кванта, который является основополагающим для формирования, например, атома пространства атома водорода. Теперь мы можем даже приблизительно сказать, по какому закону эволюционирует планетарная материя.

Итак, в каждом малом круге мы видим четыре своих малых периода, характерные для всех малых кругов. Таким образом, малые круги должны представлять собой замкнутые периодические процессы формирования частиц материи в пространстве или материальной энергии во времени от пустоты до вращающегося вокруг удалённого центра планетарного тела – планеты (электрона, позитрона и т.п.).

Всего мы имеем четыре малых круга, которые располагаются каждый в своём секторе большого круга, и занимают там определённую плоскость (+t, +S, –t, –S), которые образованы центральным квантом. Плоскости и фаза вращения малых кругов меняются последовательно. Их начальная фаза соответствует формируемому типу плоскости центрального кванта.

Это говорит нам о том, что единая планетарная материя любого уровня в большом круге может состоять из четырёх типов материй, отличающихся какими-то своими свойствами друг от друга, так как ЭСН света, формирующая ЭСН материи, имеет разную фазу начального состояния. Только в этом мы видим различие в структуре материи в разной фазе начального состояния кванта света. От неё, оказывается, очень сильно зависят свойства получаемой материи. Большой круг является, как бы, объединяющей силой, соединяющей все типы планетарных тел, образованных малыми кругами, в одну единую планетарную систему. Именно он не даёт сформированным частицам-планетам покидать систему. Его нам для удержания частиц, как раз, и не хватало ранее на рисунке 16.

Принципы соединения квантов

Можно предположить, что все малые кванты света типовые, как мы ранее об этом говорили. Квант света, он и есть квант (ЭСН) – он типовой. Только его начальная фаза каким-то образом в нашей Природе изменяется, вот только чем или кем? Чтобы ответить на этот вопрос с большой вероятностью истины, надо понять, а что же происходит с малыми квантами, когда они попадают под влияние сил центрального кванта ЭСН?

Пространство и время, магнитные и электрические силы в кванте отличаются по своим начальным фазам и они – взаимно-перпендикулярные между собой. Малый квант, попадая в поле одного из секторов центрального кванта ЭСН, приобретает начальную фазу своего состояния, соответствующую фазе этого сектора, только имеющую другой знак. Например, на рисунке 18 сектору положительного времени +t соответствует фаза 0^0; сектору положительного пространства +S – 90^0; сектору отрицательного времени –t – 180^0; сектору отрицательного пространства –S – 270^0.

Малые кванты света имеют одну и ту же структуру, но, попадая в эти сектора, они изменяют под действием сил и полей секторов центрального кванта свою начальную фазу зеркально, как бы, проворачиваясь по своей оси. Поэтому в нашей модели они проворачиваются на один период вперёд или назад, переходя из одного сектора в другой.

В нашем моделировании ЭСН мы предположили, что сектора центрального кванта обозначают собой пространство и время, где мы так же предполагаем, что плоскость пространства может быть «горизонтальной», а плоскость времени – «вертикальной». Всё это, конечно, относительно нашего пространства. От этого типы материй, формируемые малыми кругами в разных плоскостях, будут отличаться друг от друга.

Всего у нас получается четыре типа частиц Материи, которые определяются характеристиками секторов центрального кванта ЭСН:
- частицы положительного пространства +S;
- частицы положительного времени +t;
- частицы отрицательного пространства –S;
- частицы отрицательного времени –t.

Давайте теперь попробуем предположить тип Материи в каждом малом круге в соответствии с типом частиц пространства и времени:
- частица материи в положительном пространстве +S;
- частица материальной энергии в положительном времени +t;
- частица материи в отрицательном пространстве –S;
- частица материальной энергии в отрицательном времени –t.

Надо отметить, что положительные значения пространства и времени – это движение из прошлого к будущему, от начала к концу, а отрицательные значения – из будущего в прошлое, от конца к началу, как бы, идущие в обратную сторону. Но самое интересное в том, что в нашей модели они, каким-то образом, все вместе соединены в ЭСН в единое целое. Попробуйте сами сделать такое соединение будущего с прошлым и прошлого с будущим одновременно! Для нашего разума – это что-то невозможное и невероятное, но это будет настоящее.

Теперь попробуем таким же образом описать структуру малых квантов. Они имеют те же четыре внутренних периода своего вращения: 1, 2, 3, 4. Что означают они в нашей модели? Сектор центрального кванта – это определённая плоскость пространства или времени. Период вращения малого кванта может означать свойство формируемой планетарной системы, ведь для полного формирования даже единственной планеты, она должна пройти полное вращение малого кванта от 1 до 4 периодов, т.е. пройти полный цикл вращения.

Как мы предположили, центральный квант ЭСН определяет параметры пространства и времени, а малые круги формируют в соответствии с этими параметрами планетарные тела. Они получают разные свойства частиц только из-за того, что фазы состояния малых квантов при формирования планетарных тел будут разными.

«Энергия» или, точнее, сила центрального кванта определяет количество материи и энергии задействованной в будущем планетарном теле – величину его пространства или времени. Малые круги используют эту энергию центрального кванта для формирования массы планетарного тела, вращающегося на определённой орбите вокруг удалённого центра и параметров самой этой орбиты и движения по ней.

Необходимо отметить ещё одну важную закономерность в этой модели ЭСН рисунка 18, что соотношение «масс» суммы четырёх малых квантов и одного центрального кванта должно быть равным. Это не зависит от величин пространства и времени формируемыми этой моделью. Их соотношение должно быть жёстко фиксируемой равной величиной.

Давайте попробуем понять смысл работы модели пока ещё только в пределах одного сектора центрального кванта. Для этого рассмотрим два кванта вместе: любой сектор центрального кванта и любой малый квант. Они образуют между собой, как бы, источник энергии, имеющий два полюса. Один полюс имеет центральный квант, например, со знаком «плюс» и другой полюс – малый квант, имеющий знак «минус». Между двумя этими полюсами возникает «разряд энергии аннигиляции», которая формирует планетарное тело-частицу из обоих квантов. Причём, малый квант обязательно имеет начальную фазу своего состояния в зависимости от начальной фазы сектора центрального кванта. Ещё одна новая интересная закономерность вдруг проявилась у нас: начальная фаза малого кванта зависит от фазы сектора центрального кванта.

Жизненный круг ЭСН

Мы уже немного разобрались в элементах модели ЭСН, а теперь давайте попробуем описать её «жизненный круг», последовательно переходя от сектора к сектору большого круга (рисунок 18). Конечно, глядя на модель ЭСН, трудно определить место, с какого можно было бы начать описание процесса, т.к. это всё же круг без начала и конца.

Мы сами обозначили на рисунке 18, что сектора положительного времени (+t) и положительного пространства (+S) находятся в нижней части круга. Начнём это описание с первого малого круга и сектора положительного времени (+t) центрального кванта. Предположим, что малый квант имеет исходную начальную фазу 0^0, и разворачивается в секторе времени центрального кванта, который имеет, по нашему допущению, точно такую же начальную фазу 0^0. Суммарная начальная фаза квантов будет также равна 0^0 (здесь имеется в виду фаза между полюсами квантов).

Получается, что направления вращения этих двух квантов будет одинаковым, что позволяет нам утверждать о том, что частицы малого кванта разгоняются центральным квантом до квадрата скорости света C^2. Это даёт нам основание говорить, что сложение центрального и первого малого квантов в первом секторе ЭСН даёт нам энергетическое тело в положительном времени (+t).

Почему мы так явно утверждаем, что начальная фаза малых квантов в модели будет меняться от сектора к сектору? Что произойдёт с квантом, если он перейдёт из вертикальной в горизонтальную плоскость, из времени в пространство и наоборот?

Переход в зазеркалье сопровождается зеркальным изменением свойств кванта на противоположные, а это и есть смена фазы его состояния. Мы имеем дело с квантом: когда он в одной плоскости движется с скоростью C^2, образуя частицу материальной энергии, тогда в другой плоскости он уже должен иметь скорость равной 1, уже образуя частицу материи.

Если перенести точку наблюдения в другую плоскость, то процесс обратится зеркально: энергия остановится, а энергетическая материя разгонится. Тогда частицы поменяют свои свойства на противоположные. А если вынести точку наблюдения из плоскостей (рисунок 4в), то все свойства частиц соединятся вместе в обеих плоскостях и трудно даже предположить, что в этом случае мы увидим.

Осуществим и мы такой переход в зазеркалье в нашей модели и перейдём в другой сектор центрального кванта, который имеет уже плоскость пространства +S. Она, как раз, сдвинута относительно первого сектора времени на 90^0. Второй малый квант, попадая в такой сектор, под действием его силы, зеркально изменяет свою начальную фазу состояния, и она тогда становится равной -90^0: он, как бы, поворачивается, переходя из вертикальной плоскости в горизонтальную плоскость (горизонтальную плоскость мы отнесли к материи в пространстве). Оставим пока это утверждение по проворачиванию фазы малого кванта как аксиому, а позднее докажем нашу правоту.

Итак, суммарная начальная фаза обоих квантов во втором секторе становится равной 180^0. У нас при сложении этих квантов образуется уже частица материи, которая формирует материальную частицу в положительном пространстве +S. Оба кванта будут соединяться во встречном вращении. Их результирующая скорость тогда будет равна 1 и, в этом случае, мы получаем материальные частицы.

Третий сектор отрицательного времени центрального кванта имеет начальную фазу состояния 180^0, естественно, что, третий малый квант вращает свою фазу до той же величины, и мы получаем его начальную фазу состояния – 180^0. Суммарная начальная фаза двух квантов тогда уже будет равной 360^0.

Это становится довольно интересным. Мы получили начальную фазу в отрицательном времени, практически соответствующую положительному времени, но это уже – отрицательное время –t. У нас снова возникает частица материальной энергии, но уже в отрицательном времени, и она должна получиться и почти получается аналогичной такой же частице в положительном времени.

Теперь нам только остаётся удивиться такому исходу формирования частиц через ЭСН, но вспомним электрон (пространственную частицу), который развернули на 360^0. Он будет обладать немного другими свойствами, чем электрон с начальной фазой состояния равной 0^0, хотя и остался тем же самым электроном. Возможно, с поворотом фазы на 360^0 электрон оказывается в отрицательном пространстве, как и полученная частица – в отрицательном времени.

В отрицательном времени, возникает та же картина, что и в отрицательном пространстве, и возникает предположение, что позитрон в отрицательном времени имеет такой же переворот на 360^0, как у электрона отрицательного пространства. Тогда возникает предположение, что полный цикл какого-то бóльшего и полного их взаимодействия будет равным 720^0!

Если следовать нашей модели далее, то четвёртый сектор уже имеет начальную фазу 270^0, естественно, четвёртый малый квант так же будет иметь ту же начальную фазу, только с противоположным знаком -270^0. Суммарная начальная фаза будет тогда равной 540^0, что аналогично 180^0. У нас возникает материальная частица отрицательного пространства, например, тот же самый, провёрнутый на 360^0, электрон.

Конечно, это описание очень схематично и не даёт нам полной картины всего процесса формирования частиц в ЭСН. Прежде всего, необходимо понять, как работает каждый элемент этой схемы, и только затем можно попытаться будет соединить их вместе. После этого нам может быть удастся охватить нашим разумом и описать весь этот процесс в целом.

Интересные свойства квантов мы нашли в этой модели. Малый квант, попадая в пространство или время одного из секторов большого круга, как бы, подчиняется ему и зеркально его отражает, меняя начальную фазу своего состояния. Центральный квант определяет параметры пространства и времени для малого кванта и не зависит от них. Не наши ли, описанные ранее, планетарные системы являются такими новыми частицами, образованного после такого слияния квантов в ЭСН?

Эта модель ЭСН названа нами «горизонтальной», потому что она описывает моделирование планетарной материи внутри любого планетарного уровня вселенной. Мы предположили, что эта модель Пространства (S, t), а как она будет выглядеть во Времени (T, s)?

Возможно, и даже, скорее всего, она будет той же самой, в точности, только начальная фаза состояния центрального кванта будет зеркальной пространству, её надо будет просто развернуть по оси на 90^0 относительно Пространства. А как она будет выглядеть в отрицательном пространстве –S? А есть ещё и отрицательное время –T? Всё это уже нам предстоит рассмотреть отдельно, ибо слишком глубоко мы нырнули в предполагаемую нами истину строения вселенной.

Если снова вернуться к динамике модели, то и здесь мы имеем неожиданное предположение: что все малые кванты будут разворачиваться не последовательно, как мы привыкли описывать движение в круге, а параллельно и одновременно! Центральный квант должен будет расширяться из центра, отдавая свою энергию сразу же всем малым четырём квантам! В этом случае возникает некоторая стабильность и нейтральность элементарной структуры Нави. Структурно она не меняется и не зависит от сил, материй, пространства и времени. Она тогда будет не подвластна им.

Почему возникло такое предположение относительно параллельности развёртывания модели? Атомы показывают нам одновременное существование протона и электрона, нейтрона и позитрона. Одновременно они могут существовать только в двух случаях: при параллельном развёртывании системы, например, одновременно эволюционируют три кварка протона и электрон; при последовательном развёртывании, когда частота вращения центрального кванта получается очень большой, а значит, его период будет очень малым, что вряд ли возможно. Т.е. нам остаётся уповать только на это параллельное развёртывание в ЭСН, которое требует, в дальнейшем, подтверждения такого предположения.

Найденная нами модель элементарной структуры Нави, поможет нам понять и эволюцию солнечной системы, которая, предположительно, имеет в своей структуре ту же ЭСН. Чтобы проникнуть внутрь этой структуры, нам надо смоделировать полный процесс соединения центрального и малого квантов, хотя бы в какой-нибудь одной плоскости, исследуя «каждый градус» фазы их соединения. Тогда мы сможем глубже понять все процессы формирования планетарной материи, их эволюцию в материи и энергии, в пространстве и во времени.

ЭСН описывает нам формирование планетарных тел и частиц внутри планетарных уровней рисунка 13. Возникает вопрос, а каким образом возникает сама эта структура в нашей вселенной, кем она создана, ведь должен существовать некий закон взаимодействия, который бы позволил Материи и Свету использовать подобную структуру?

Чтобы понять до конца процесс формирования ЭСН, давайте попытаемся смоделировать его для, хотя бы, одного планетарного тела.

Центральный квант света

Наши предположения по структуре элементарной частицы материи привели нас к тому, что мы сумели наметить и описать контуры модели ЭСН и теперь можем при помощи её непосредственно перейти к самому процессу моделирования. Итак, полная модель ЭСН на рисунке 18 содержит в себе пять квантов: центральный квант (большой круг) и четыре малых кванта (малые круги). Более глубокий анализ модели проведём на основании сложения этих квантов между собой, но в начале рассмотрим их индивидуальную работу в ЭСН по отдельности в каждом секторе.

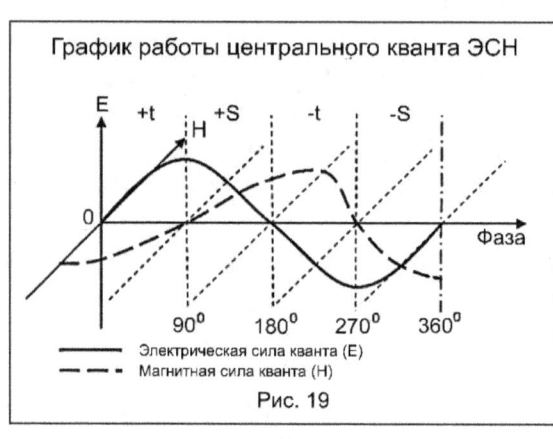

Рис. 19

Для начала такого анализа возьмём центральный квант модели ЭСН и разберём его работу в четырёх секторах полного цикла вращения. Такой развёрнутый центральный квант ЭСН отображён на рисунке 19.

График работы его сил дал нам интереснейшую картину: сразу же становится очевидным, какие силы играют свои роли в каждом его секторе. Даже удалось предположить, какие из них формируют пространство, а какие – время. Например, в секторе положительного времени (+t) электрическая сила возрастает от нулевой отметки до своей максимальной положительной величины, а магнитная сила, наоборот, со своей максимальной величины падает в своих значениях до нуля.

Рис. 20

Давайте сектор положительного времени выделим в отдельный рисунок 20, но нарисуем для большей наглядности силы, действующие в нём, в одной плоскости. На нём перед нами предстала следующая картина: электрическая сила растёт, а магнитная сила падает до нуля, о чём мы говорили ранее. Их отношение на обоих границах сектора будет равно величине скорости света. Но сектор положительного времени нами, всё же, плохо воспринимаем, т.к. он не так хорошо виден для наших пространственных «щупалец». Мы его пока оставим и для большей наглядности перейдём к следующему сектору положительного пространства (+S).

Сектор положительного пространства (+S) может изучаться нами более серьёзно. Мы можем сравнить имеющиеся научные знания с нашими предположениями, но для начала придётся всё-таки смоделировать процесс в предыдущем секторе времени +t, т.к. нам необходимо будет знать, что у нас получится на границе раздела этих двух секторов в фазе центрального кванта 90^0, что у нас возникнет в силе в начале второго сектора +S?

Итак, первый сектор – сектор положительного времени (рисунок 20). В его начале мы наблюдаем бесконечное пространство, и полное отсутствие времени, которое равно нулю. Мы получили максимальное пространство с нулевым временем. Далее, это огромное пространство постепенно сворачивается, а протяжённость времени растёт. Это будет процесс формирования частицы времени из частицы пространства. Одно из них разворачивается, а другое сворачивается.

В конце сектора мы получаем сконцентрированное время в виде планет времени, наполненных частицами и вращающихся по своим орбитам вокруг центра. Оно имеет свою максимальную протяжённость, достигающую некоторой ограниченной бесконечности времени (∞_t). Мы получаем аналог геоцентрической системы Птолемея, в которой центром пространства будет планета Земля (0_s), а протяжённость времени – её система пустотелых планет-небес (∞_t), вращающихся по квантованным орбитам этой плоскости времени. Такой вид сконцентрированной материальной энергии в виде планет времени, предположительно, будет сформирован в конце первого сектора, но это взгляд из пространства. Чем же заканчивается действие в первом секторе центрального кванта света?

Часть 2. «Элементарный кирпичик» Материи

Итак, мы имеем сгущённое время в виде планет времени, вращающихся вокруг нулевого центра пространства. Давайте расшифруем этот момент: если под нулевым центром пространства в геоцентрической системе времени мы подразумеваем пространственную Землю, то в конце этого сектора она должна быть сформирована полностью.

Далее, мы переходим ко второму сектору, в котором с максимума положительной электрической силы начинается формирование системы положительного пространства. При переходе границы 1-2 секторов через фазу 90^0 эта система времени оказывается в плоскости пространства $+S$, где она, как бы, опрокидывается в другую плоскость. Мы пока проведём исследования последовательного процесса формирования четырёх систем внутри ЭСН, но на самом деле он может быть параллельным, с чем мы разберёмся позднее. Что с геоцентрической системой времени произойдёт при смене плоскостей с времени на пространство?

Тело времени должно будет изменить свои свойства зеркально, т.к. плоскость изменяется на перпендикулярную. Здесь опять надо определиться в этой относительности: ранее мы описали геоцентрическую систему Птолемея, которую мы «видим» из пространства, а если описывать ту же систему из времени, то это будет точно такая же планетарная система, как наша солнечная система. Естественно, тогда в ней все планеты времени будут видится нам обычными и сферическими, только это уже будет не протяжённость пространства, а протяжённость времени.

При переходе из одной плоскости в другую сформированная система должна в один миг разрушится и заполнить освободившимися частицами всю плоскость пространства второго сектора, которая тут же станет светящейся. Существовало во времени, как бы, «тёмное» сферическое тело и вдруг оно сразу же становится зеркально перевёрнутым в своих свойствах материи и становится «пустотелым» телом, заполняя своей светящейся материей всё оставшееся время. Магнитная сила в этот момент переходит через 0_s, но это не полный ноль, а ноль своего планетарного уровня, как его минимальная бесконечность.

Что происходит с электрической силой, когда магнитная сила полностью отсутствует и равна нулю? Это соответствует относительно пространства и времени статическому электрическому полю, но в секторе времени это поле соответствует характеристикам статического магнитного поля пространства (тёмное небо). Только переходя через 0_s, оно становится электрическим полем – материальной энергией, которую мы видим в пространстве как свет, но со свойствами уже электрического поля. Сила осталась той же, только изменилась плоскость её действия, а, следовательно, зеркально поменялись и её свойства.

В фазе 90^0 происходит смена состояния частиц (во времени частицы тёмные) и они, занимая всю плоскость времени до величины ∞_t, которые, вдруг, все разом начинают светиться в плоскости пространства. Это похоже на почти мгновенный «взрыв» света в огромном пространстве. Было «тёмное» небо и вдруг оно становится светлым, занимая всю область будущего пространства. Вероятно, можно действительно подтвердить известное предположение о большом «взрыве» света в начале эволюции солнечной системы и вселенной.

Рис. 21

После подобного «взрыва» света, электрическая сила становится убывающей (рисунок 21), и постепенно стремиться к нулю 0_t, при этом область света постепенно сворачивается, пока не исчезнет полностью, достигнув минимальной бесконечности времени.

Магнитная сила в секторе пространства растёт и постепенно у нас возникает пространство, которое достигает своей ограниченной бесконечности ∞_s. Мы приходим к предположению, что в нашей модели в конце второго сектора, возникнет пространственная планета подобная, например, Венере, которая будет вращаться вокруг некой оси в области своего пространства. В конце сектора у нас сформируется планетарная система подобная гелиоцентрической солнечной

Часть 2. «Элементарный кирпичик» Материи

системе: в центре её будет находится планета времени – Солнце, а в пространстве вокруг этого центра времени (0_t) – вращаются планеты сгущённого пространства.

Такой предположительный итог мы будем иметь в конце второго сектора центрального кванта ЭСН.

Можем предполагать будущее

Эта модель ЭСН даёт нам возможность даже предположить наше будущее. Давайте попробуем это сделать.

Итак, в конце пространственного сектора центрального кванта электрическая сила равна нулю, а магнитная сила максимальна (рисунок 21). Время отсутствует, а пространство ограниченно своей бесконечностью. Наступает статика, и, как мы понимаем, она может длиться вечно. Можно даже предположить, что эволюция Земли должна достигнуть именно такого необратимого до определённого момента (?) статического состояния, тогда динамика эволюции закончится и наступит «вечная жизнь» до нового воздействия силы Света.

Наше утверждение о том, что электрическая сила станет равной нулю, предполагает, что Солнце, как её производная, должно в конце этого сектора погаснуть, полностью исчерпав своё время и придя к его минимальной бесконечности. Что означает для нас отсутствие электрической силы и энергетических частичек, которые она имела? Если наше Солнце состоит из таких частичек, которые организованы электрической силой то, когда она станет равной нулю, то наше оно должно будет погаснуть, ибо более взять ему таких частичек будет не где.

Возникает опять эта относительность точки наблюдения. Давайте разберём это с позиции следующего сектора отрицательного времени, а затем, то же действие в этом же секторе с позиции положительного пространства (как бы, с позиции предыдущего сектора):

- сектор отрицательного времени: планета пространства меняет свои свойства зеркально и, практически, «выворачивается наизнанку», становясь пустотелой

планетой со светящимся пространством вокруг неё, занимая всю будущую протяжённость времени;
- Сектор положительного пространства: планета пространства остаётся той же самой, только теперь она становится светящейся, а наше Солнце – чёрной дырой; они, как бы, опрокидываются и меняются местами. Чёрная дыра начинает расти из центра и начинает поглощать пространство, затягивая планету в эту расширяющуюся «дыру». Хотя, предположительнее, будет сказать, что планета всё-таки, возможно, рассыплется по всему пространству, освещая его своим светом, т.е. станет пустотелой в пространстве. Возникнет чёрная дыра, которая будет постепенно поглощать это светящее пространство, а темнота будет постепенно расширяться от её центра. Точнее мы можем это понять, когда рассмотрим работу малых квантов модели ЭСН.

Если теперь вынести точку наблюдения из пространства и из времени, то рождается совсем фантастическое предположение: в этом случае сформированное тело окажется ни в пространстве, ни во времени или в пространстве и во времени одновременно. Оно, оказавшись в точке 180^0, становится планетой времени и планетой пространства одновременно (?). Это статическое состояние формируемых тел, можно назвать неким третьем состоянием: первое – материя и Пространство; второе – энергия и Время. Оно подразумевает само состояние частиц, которые не имеют ни пространства, ни времени, но могут стать и тем, и этим. Что же ждёт нашу Землю в этом случае?

Земля, в этом случае, оказавшись, некоторое время, в полной темноте, затем сама должна стать светилом, но не таким как наше Солнце. Это не будет свет энергии Времени, это не будет «темнота» материи, это будет свет частиц. А как они светят, мы можем только предполагать, смотря на наш обычный свет. Все атомы Земли и, естественно, всё, что из них сделано, станут светить сами изнутри. Это будет некое внутреннее свечение, которое не даст тени. Сказка о том, что человек потеряет свою тень, возможно, станет былью. Все жители Земли также перейдут в подобное третье, светящееся состояние. В этом состоянии (в нулевой точке) возможен переход на любой другой уровень. Тогда вся вселенная станет нам доступной. Станет доступным и всё её пространство и всё её время. Все нулевые точки, в конце концов, – едины. Обычный квант света помог нам понять не только наше прошлое, но даже предположить наше будущее.

Давайте снова вернёмся к рисунку 21 для того, чтобы продолжит наши исследования второго сектора. На нём обозначена интересная фигура – «квадрат», четыре стороны которого равны величине скорости света. Это предположение исходит из рассмотренной нами ранее формулы Эйнштейна. Этот «квадрат» даёт нам интересную зависимость между периодом колебания и величиной сил кванта. Все эти параметры формируют квант, который создаёт миры, причём, его можно «сжать», получив атомный уровень или «разжать» – солнечную систему, но все эти отношения должны, предположительно, оставаться теми же. Величины пространства и времени полностью зависят от наполнения частицами ЭСН.

Мы пока рассматриваем модель ЭСН на одном из планетарных уровней – горизонтально, внутри него. Каждый такой уровень имеет своё место в некой общей вселенской планетарной системе – вертикальной. Подобная модель ЭСН возникает на каждом уровне. Они все каким-то образом, через систему определённых закономерностей, связаны между собой и любое изменение на любом уровне влечёт за собой изменения на других уровнях. Но это уже требует отдельных исследований их межуровневых взаимоотношений. Для того чтобы лучше это понять перейдём к исследованию интересных для нас планетарных нулей и бесконечностей

Закон ограниченных бесконечностей и нулей.

Величины 0_s и 0_t на самом деле не равны нулю и не равны между собой, хотя их значения могут быть одинаковыми. Они должны иметь некоторую остаточную величину, соответствующую своему планетарному уровню. Это получаются, как бы, ограниченные бесконечно малые нули своего планетарного уровня, как и эти же величины ограниченных бесконечностей ∞_t, ∞_s. Они оказываются квантованными величиной скорости света.

Каждому планетарному уровню соответствуют свои величины нулей и бесконечностей. Они все жёстко связаны с величиной скорости света. Относительно таких ограниченных нулей 0_s и 0_t возникают эти ограниченные бесконечности ∞_t и ∞_s, которые больше нулевых значений на величину скорости света – С, или наоборот, относительно ограниченных бесконечностей возникают ограниченные нули, смотря с какой стороны к ним подходить.

Но у нас ещё возникает пространственно-временная протяжённость секторов также равной величине скорости света. Тогда центральный квант ЭСН получается длиной 4С относительно начальной фазы состояния. В нашей модели в большом круге получается: по два нуля 0_t, 0_s и по две бесконечности ∞_t, ∞_s, которые постоянно чередуются между собой попарно.

Возникает предположение, что эти интересные «точки» ∞_t, ∞_s, 0_t, 0_s являются некими полюсами какого-то Источника, которые вращаются вокруг общего для них всех его единого центра. Они всегда остаются между собой на расстоянии кратном величине скорости света – С, обмениваясь энергиями в обоих направлениях. Таких двухполюсных источников в ЭСН получается два:

- 0_t - ∞_s – источник пространства;
- 0_s - ∞_t – источник времени.

Давайте попытаемся разобраться в том, каким образом передаются частицы из сектора времени в сектор пространства и почему изменяются свойства сил при смене плоскости? Например, в первом секторе времени (+t) у нас возник максимум электрической силы и ноль магнитной силы (рисунок 20). Как происходит смена их свойств на зеркальные в пространственном секторе +S, переходя через его границу?

Можно сделать следующее предположение: максимум электрической силы во времени ∞_t обладает свойствами магнитной силы пространства, но это всё же электрическая сила сектора времени. При её переходе в сектор пространства она превращается не в максимум электрической силы пространства, а в ноль пространства 0_s, т.е. происходит резкое «сжатие» силы практически от бесконечности до нуля при смене плоскости. Магнитная сила времени равная нулю 0_s при переходе её в другую плоскость резко расширяется и становится уже электрической силой пространства ∞_t, имеющая её свойства. Только таким образом можно предположить смену свойств сил при переходе из одной плоскости в другую. Получается так, что при смене секторов происходит смена нулей на бесконечности и, наоборот, бесконечности становятся нулями. Это и есть, возможно, закон зазеркалья.

Здесь возникает вопрос: могут ли происходить такие резкие изменения в величинах сил и их свойств? Скорее всего, даже в Космосе, это невозможно. Тогда возникает новое предположение о том, что должна существовать некая перпендикулярная плоскость на каждой нулевой отметке рисунка 19, на которую переходят силы для смены мест между собой. В этом случае фаза кванта не изменяется, а остаётся той же самой. В этой, возможной, перпендикулярной плоскости происходит изменение свойств сил на противоположные. Они снова, пройдя полукруг в этой плоскости, возвращаются на ту же нулевую отметку, но уже с другими, полностью зеркальными свойствами.

Нам остаётся только наблюдать такую относительно резкую смену свойств сил, потому той плоскости для нас, как бы, не существует. Её проекция на наши плоскости получаемся практически нулевой. Поэтому мы не ощущаем и никак не можем её видеть. Ни какие современные приборы нам здесь не помогут.

Картина получается довольно сложная, а нашего трёхмерного воображения уже явно недостаточно, чтобы охватить полную работу даже одного кванта в модели ЭСН. В наших исследованиях всё время возникает некая параллельная модель центрального кванта другой ЭСН, которая работает вместе с исследуемой ЭСН.

Действительно, в нашей модели мы ранее предположили параллельное развёртывание центрального кванта ЭСН, в котором все его сектора развёртываются одновременно (рисунок 22). Тогда, откуда берутся электрические и магнитные силы, которые формируют планетарные тела времени и пространства, ведь закон сохранения энергии действует и здесь?

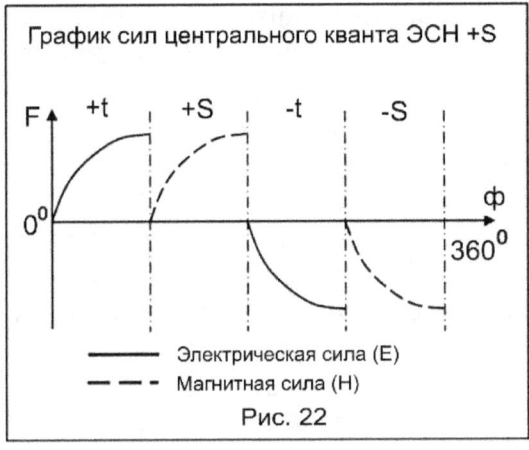

Рис. 22

Это подтверждает наше предположение об ещё одном центральном кванте другой параллельной модели ЭСН. Ведь мы рассматриваем нашу модель в бо́льшем Пространстве, поэтому возможно, что второй центральный квант будет располагается в бо́льшем Времени +Т и оттуда он отдаёт свою энергию для формирования тел бо́льшего Пространства.

Должны существовать планетарные тела (рисунок 23) в плоскости Времени +Т, находящиеся в его внутренних плоскостях, которые постоянно должны инволюционировать, отдавая свою энергию и материю ЭСН формируемого Пространства. Если же зеркально отразить эту картину и посмотреть на этот процесс из бо́льшего Времени, то всё получается наоборот.

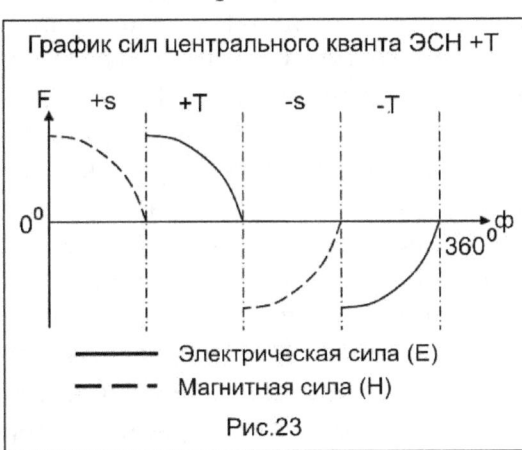

Рис. 23

Возник замкнутый круг: и там, и здесь происходит одновременно и процесс эволюции, и процесс инволюции. Наш квант, как бы, раздвоился надвое, одна его часть принадлежит бо́льшему Времени, другая часть бо́льшему Пространству.

Часть 2. «Элементарный кирпичик» Материи

Мы можем обратить за разъяснением по этому процессу к нашим атомам: протон и электрон, как мы ранее предположили, являются результатом такого формирования тел в четырёх плоскостях (t, S, -t, -S) бо́льшего Пространства +S. Учёные утверждают, что протон живёт очень долго, почти вечно – 10^{32} лет, т.е. можно утверждать, что он стал статичным. То же самое можно сказать о нейтроне.

Почему протон перестал эволюционировать?

Можно предположить, что на атомном уровне наступила «статика», о которой мы утверждали ранее, т.е. центральный квант полностью сформировал три его кварка и электрон. Получается, что эта пространственная система закончила свою эволюцию, и второй центральный квант бо́льшего Времени полностью перешёл в Пространство. Вращение между Временем и Пространством закончилось, но причины этого нам ещё предстоит выяснить. Может ли такое состояние атомной «статики» наступить в нашей солнечной системе, хотя это будет не совсем «статика».

Для ответа на него обратимся к нашей галактике, в которой она вращается вокруг некоторой оси. Всё было бы хорошо, если бы солнечная система потихоньку не подходила к одному из «рукавов Персея», который грозит ей крахом и новой эволюцией, т.е. новым вращением между Временем и Пространством. Вероятно, что если формирование планетарных тел солнечной системы закончится раньше, чем мы подойдём к нему, то тогда это вращение может закончиться, и, возможно, наступит статика, т.е. вечная жизнь, как у протона. «Рукава Персея» – это не что иное, как возможная граница плоскостей между пространством и временем в галактике. Если солнечная система попадёт в этот «рукав», то это для неё смерть и разрушение, т.к. она перейдёт в плоскость бо́льшего Времени галактики (третий сектор рисунка 19), но это для неё и новое рождение во Времени. Но если Земля успеет сформироваться полностью, т.е. Солнце погаснет, а она станет светящейся, то она станет подобной протону, и ей уже не будет грозить гибель при переходе в плоскость бо́льшего Времени, потому что она, возможно, уже соединит Пространство со Временем.

Мы описали работу только малой части нашей модели – центрального кванта, но как много новых предположений возникло из неё. Он является в модели формирователем пространства и времени, материей для строительства планетарных систем в четырёх плоскостях, создаваемых им. Мы рассмотрели работу центрального кванта последовательно, переходя от сектора к сектору, но ранее мы приняли предположение, что эта работа параллельная и одновременная. Отсюда возникает предположение, что второй, зеркальный центральный квант Времени точно так же параллельно переходит в первый центральный квант Пространства, отдавая ему как энергию, так и материю во всех секторах одновременно.

Это не предел возможностей модели, она таит в себе ещё множество вопросов, на которые нам придётся искать ответы. Возможно, столько же нового нам удастся узнать, как только мы попытаемся описать работу ещё одной её части – малого кванта, который формирует посредством центрального кванта планетарное тело, соответствующее определённой плоскости, в т.ч. и пространственные планеты солнечной системы.

Нам остаётся только исследовать это.

Глава IV. Круговороты квантов внутри ЭСН

Анализируя процесс развёртывания центрального кванта ЭСН (рисунок 18), мы пришли к пониманию того, что он создаёт пространство и время и наполняет их через малые кванты своими частицами с определёнными свойствами, в зависимости от плоскости его секторов. Он не формирует планетарных тел подобных нашей планете, но, возможно, определяет их орбитальные параметры. Центральный квант ЭСН можно назвать «местом» для будущих структур Материи.

Внутри него в каждом его секторе вращаются четыре малых кванта модели, которые можно назвать, в противоположность центральному кванту, малыми квантами физических материальных форм. Именно они формируют частицы для создания планетарных тел, вращающихся вокруг удалённого центра системы, подобно электронам в атоме или планетам солнечной системы. По нашему предположению получается, что малые кванты совместно с центральным квантом создают планетарные системы, подобные атомным, которые находятся в своих плоскостях пространства или времени.

Нам осталось только проверить правильность нашего предположения.

Эволюция и инволюция квантов ЭСН

Центральный квант каким-то образом объединяет в себе четыре малых кванта или, наоборот, каким-то образом четыре малых кванта образуют центральный квант. Все пять квантов оказываются крепко сцепленными между собой. Теперь представьте себе ЭСН, которая не содержит в себе ни пространства, ни времени (конечно, какие-то первичные их параметры она имеет, но не более того). Что она собой будет представлять?

Это будет подобие «математической точки», но которая, всё же, должна иметь в себе некую изначальную материю, обладающую такой же изначальной силой-энергией. Именно они позволяют ЭСН развернуться в пространстве и времени и материализовать себя в Материи. Её изначальная сила и материя должны позволить ей достичь пространственно-временных параметров, которые должны быть в С-раз больше по своей величине от изначальных. А теперь подумайте, что позволяет ЭСН такое осуществить: из «точки» стать «бесконечной» системой?

Изначально ЭСН, возможно, не будет иметь в себе никаких параметров: ни периода, ни силы, соответствующей этому планетарному уровню, ни длины его волны, но ниже его двух планетарных нулей в своих параметрах она не опуститься. Её можно смело назвать «нулевым квантом» или «квантом с нулевыми параметрами».

Но, сразу же оговоримся, что такое предположение соответствует только своему планетарному уровню, на котором мы рассматриваем работу модели ЭСН. Она всё равно будет обладать некими ограниченными «нулевыми» параметрами, подобными 0_s и 0_t, и только для этого планетарного уровня. Для предыдущего планетарного уровня – это будет уже полностью развёрнутый квант со всеми своими параметрами, и он будет там иметь пространство, время и даже огромную силу.

Можно предположить, что на низшем планетарном уровне это уже будет не малый квант, а будет, возможно, его полная модель ЭСН (рисунок 18), но мы пока не станем анализировать и создавать модель их межуровневого «сцепления». В нашем предположении каждый малый круг превращается в полную модель в том случае, если мы спускаемся на один планетарный уровень ниже.

Итак, в нашей модели ЭСН мы имеем четыре малых круга, а это говорит нам о том, что таких полных моделей на низшем уровне также должно быть четыре:
- модель ЭСН положительного времени +Т;
- модель ЭСН положительного пространства +S;
- модель ЭСН отрицательного времени -Т;
- модель ЭСН отрицательного пространства -S.

Всего получается четыре полных горизонтальных моделей ЭСН, имеющих разные плоскости существования. Далее, на новом более высоком планетарном уровне они объединяются между собой и образуют новую модель ЭСН уже этого уровня. Возможно, на новом планетарном уровне они, объединяясь центральным квантом, начинают расширение в пространстве и времени, захватывая или формируя тем самым новые порции частиц. Возникает некий закон расширения, благодаря которому планетарные структуры эволюционируют.

В нашей модели малый квант всё же будет соответствовать в развёрнутом виде кванту рисунка 19, но без всех этих параметров пространства и времени. Он останется таким же, если мы его «сожмём» до нуля или «раздвинем» до бесконечности. И только в конце своей эволюции, когда он, эволюционируя в секторе центрального кванта, станет планетарным телом, имеющим своё пространство или время нового планетарного уровня. Тогда его период будет в четыре раза меньше периода центрального кванта, а его сила также составит одну четвёртую часть от его силы. Протяжённость малого кванта в нашей модели станет равной величине скорости света – С.

Есть и другое предположение, которое более практично, что ЭСН никогда не нарушает своих соотношений в расположении структур. Она, как структура, статична и неизменяема, но может или наполняться материей и энергией, расширяясь, или терять их, сжимаясь. Тогда малые кванты всегда структурно точно соотносятся с центральным квантом. Это нам говорит о том, что изначально они уже существуют в некой единой стабильной системе. В противном случае, она бы распалась, а её элементы бы разлетелись в пространстве и во времени.

Как оказалось, центральный квант служит нам только для этих целей, чтобы соединить между собой малые кванты, образовав для этих целей пространство и время единой системы. Малый квант, как бы, «пробуждается», попадая в сектор центрального кванта, и, расширяясь вместе с ним, забирает всю материю и силу из окружающего пространства и времени и тем самым эволюционирует до стабильных параметров этого планетарного уровня, сохраняя структурные соотношения в ЭСН.

В конце эволюции в модели остаются только сформированные планетарные тела, вращающие вокруг удалённой оси в четырёх плоскостях и, вроде бы, нет никаких квантов. Они, как бы, материализовались, образовав эти планетарные тела, но ...

Наша модель привела нас к пониманию того, что в нашем мире может существовать два вида Материи:
- нематериальный вид, подобный центральному кванту, формирующий пространство и время для малых квантов и определяющий орбитальные параметры новой системы, но не имеющий в своём составе Материи, но имеющий энергию Времени;
- материальный вид, подобный малому кванту, формирующий структуру планетарного тела из материи и создающий физическую материальную форму, которые впоследствии становятся частицами центрального кванта.

Тем самым, на новом планетарном уровне мы наблюдает процесс создания нового кванта уже наполненного, в своих секторах через малые кванты, частицами. Практически, из «математических точек», эволюционирующих на новом планетарном уровне, появляется новый квант, который, достигая своей бесконечности, снова становится частицей, но уже на бóльшем планетарном уровне и так до бесконечности.

У нас прозвучало предположение о том, что малый квант на предыдущем, более низком уровне представляет собой полную модель ЭСН. Следовательно, там он уже является материальным (точнее это состояние на предыдущем планетарном уровне можно назвать энергетическим, потому что плоскость состояние его изменяется и будет другой), а значит, он будет иметь те же три вида состояния, но это уже другая материя (энергия) не в плоскости S, а в плоскости Т.

Теперь становится понятно, почему малый квант становится «точкой». Во времени низшего уровня – это полная модель ЭСН Времени, а в пространстве следующего более высокого уровня – это будет уже «точка», свёрнутый квант, как новая модель ЭСН Пространства и наоборот. Получается, что четыре подобных ЭСН Времени низшего уровня соответствуют малым квантам следующего уровня, и, объединённые вместе центральным квантом, образуют ЭСН следующего планетарного уровня (Пространства), и ограниченная бесконечность Времени предыдущего уровня становится ограниченным нулём Пространства следующего уровня. Нам так и не удалось уйти от «вертикальной» межуровневой модели ЭСН. Мы даже уже сумели наметить её контуры.

По нашему предположению получается, что малый квант – это такая же ЭСН, только меньших размеров, а значит, он в своём составе имеет частицы, но их количества «хватает» только для того, чтобы достичь ограниченного «нуля» следующего уровня. Там, во Времени Т малый квант бесконечный на своём уровне ($\infty_{t\,n}$) становится только «нулевой точкой» следующего уровня Пространства ($0_{s\,n+1}$). Попадая в сектор центрального кванта, он объединяется им в единую планетарную систему и малый квант света формирует планетарное тело с параметрами и силой уже этого планетарного уровня.

Если материальный квант нами уже почти понят и имеет три состояния своей Материи: материя, энергия, обычный свет, то нематериальный квант …, что это такое? Имеет ли он в своём составе те же три состояния?

Возможно, в этом заключается некоторый парадокс в эволюции планетарных форм. В духовных источниках, как раз, говорится о «Духе», который по нашим предположениям является структурным законом для Материи, формирующей свои планетарные структуры через ЭСН, и «материи» – в малом кванте, дающим им материал для формирования частиц – «воду» по Библии.

«И Божий Дух носился над водою» в самом начале нашей эволюции, когда они ещё не были соединены между собой, когда ещё не было самой модели ЭСН, а «земля была безвидна и пуста» – это нейтральное и даже первичное состояние изначальной Космической Материи. Получается, что духовные знания помогают нам лучше понять физический смысл нашей модели ЭСН и пока они совпадают с нашими предположениями.

Снова мы возвращаемся к вопросу о том, в каком состоянии находится и с какими параметрами образуется центральный квант модели на планетарном уровне? Кто и как его образует? Он же не может возникнуть из «ничего»? Нам ранее удалось логически понять происхождение малых квантов, которые при работе с центральным квантом формируют частицы, а каким же образом возникает этот центральный квант?

Здесь, возможно, в отношении малых квантов модели вступает в силу закон эволюции. Наша модель получается «живой» и она обладает способностью эволюционировать от одного планетарного уровня к другому. Она способна к расширению внутри Материи, к расширению в ней пространства и времени и увеличении силы. Расширяющаяся вселенная может косвенно служить доказательством для нашего предположения.

В самом начале планетарной эволюции элементарная структура Нави может быть бесконечно малой, практически не имеющими пространства и времени или имеющие их бесконечно малыми. Практически, она не имела в себе ни Материи, ни Пространства, ни Времени. Библейский «Дух Божий», возможно, в начале нашей эволюции является такой точечной ЭСН с такими бесконечно малыми параметрами. Материя же наоборот, была «безвидна и пуста», т.е. не имеющей в себе никаких структур. Когда они соединяются вместе, то начинается процесс развёртывания ЭСН и наполнение её Материей.

Тогда получается, мы опять приходим к тому, что ЭСН должна иметь в себе какую-то изначальную энергию для начала такого развёртывания. Она должна быть равна «захваченной» ей области Материи, но быть ей противоположной по знаку. Библейское слово «Дух Божий» немного ненаучно, поэтому мы заменим его другими словами – «Высший Свет», под которым будем понимать Свет, структурированный в формах, но ненаполненный Материей.

Итог можно подвести следующий: ЭСН на любом планетарном уровне, в любой форме, в теле и т.п. содержит в себе всю структуру вселенной в свёрнутом в виде. Это лишний раз нам доказывает, что мы можем её назвать тем связующим звеном, которое мы так усиленно ищем. ЭСН вполне может структурировать любые формы мира внутри планетарного уровня.

Живая структура

Элементарная структура Нави – это структура, вроде бы, описывающая только формирование планетарных тел, но у нас получается, что она каким-то образом связана со структурой живой и неживой природы планеты Земля. Но чтобы описать, например, структуру человека, как живого существа, нам потребуется нечто другое, хотя структурно он будет состоять из множества таких ЭСН. Они сначала послужат для формирования «кирпичиков» – атомов, из которых далее будут сформированы структуры клеток, тканей, органов и, наконец, самого тела человека.

Всё, что мы видим на планете Земля и за её пределами сформировано посредством ЭСН, которая является основной для формирования множественной и более сложной структуры любой конфигурации. Это могут быть и живые существа, и неживые формы. Тогда получается, что эта структура имеет в себе нечто, что даёт нам возможность иметь в некоторых формах жизнь. Не саму жизнь, но то, посредством чего она может существовать, ибо ей, как и разуму, соответствует своя структура.

Давайте приведём символический пример, например, мы создали программу на компьютере, которая выводит на его экран обычную световую точку, как подобие единичной ЭСН. Это будет очень простая статическая программа. При её запуске, точка будет постоянно высвечиваться на экране. Если взять и составить программу какой-нибудь подвижной компьютерной игры (многосложная структура ЭСН), где на экране будут уже перемешаться предметы и люди, как множество таких точек, то эта программа становиться динамической и движущейся, хотя в ней будет использована предыдущая программа высвечивания точки на экране, только уже в своём множестве. Мы при этом используем один и тот же двоичный код (ЭСН), но получаем совершенно разные по сложности программы. Только, в отличие от компьютерной программы, код ЭСН получается у нас как минимум четверичный, очень схожим с кодом ДНК, если не полным подобием.

Возникло интересное открытие, например, атом водорода содержит в себе «четверичные» атом пространства и атом времени. Материальную пространственную форму водорода определяет атом пространства (ядро с вращающимся вокруг него электроном), а что определяет атом времени? Здесь и возникает открытие: как мы говорили ранее, он определяет «разумную» форму водорода. Разум получается хотя и очень простой и даже элементарный, но всё равно – это уже разум, который имеет отношение ко времени, а не к материальному пространству.

Если, по этому же принципу, определить человека, то его материальную форму определяет пространственная структура, а разумную форму – структура времени, которая должна быть, подобно двойному атому водорода, полностью тождественна материальной структуре, но зеркальная ей. Всё, что мы имеем во времени, имеет отношение к более подвижным относительно материи разумным энергетическим формам. Вот откуда берётся разум!

Итак, мы пришли к выводу, что атом водорода содержит в себе две ЭСН: одна из них – пространственная структура, которая формирует материальную форму; другая, перпендикулярная и зеркальная ей, – структура времени, которая формирует разум. Одна и та же ЭСН, как оказалось, имеет в себе разные свойства, которые зависят от плоскости её применения и величины силы. Магнитная сила кванта и частицы в её пространственной плоскости образуют в нашем мире материальную форму, а электрическая сила и частицы в её плоскости Времени образуют разум. Это всё происходит относительно нашего пространства. А если перенести точку наблюдения во время, то всё будет выглядеть зеркально.

Допустим, что, действительно, эти две плоскости с ЭСН формируют разумных живых существ, не говоря об остальном. У нас получается, что разумом обладает даже камень, не говоря об электроне и других более мелких частицах, ведь все они сформированы двумя ЭСН. Сложность, тонкость и величина сил структуры определяют глубину, ширину и силу разума, скорее, сознания, а разум – это уже материализованное в теле сознание.

Часть 2. «Элементарный кирпичик» Материи

Теперь представьте себе весь наш мир: он представляет собой единую структуру мира, состоящую из таких ЭСН, соединённых, вернее, структурированных между собой в это Единое «существо» мира. Философы и духовные искатели эту Единую структуру называют Абсолютом, Единым, Богом, Всевышним и т.п. Эволюция – это ни что иное, как всё более точная материализация этой Единой многоуровневой и многомерной структуры мира (Духа Божьего), со всем множеством ЭСН и с их расширением до «границ» бесконечности этого Высшего Света.

ЭСН у нас, вроде бы, получается законченной, статичной, неизменяемой, но сознательной и живой. На самом деле она такая и есть. Это действительно законченная структура, которая не изменяется. Она является сознательной структурой, которая может существовать даже без Материи и Энергии, без Пространства и Времени. Иначе, как бы мы смогли получить свой эволюционирующий разум в несознательной Материи? Чем более будет множество таких точных сознательных ЭСН и чем меньше будут их пространственно-временные параметры, например, на уровне человека, тем более сложные по структуре они образуют форму и разум, который будет тогда обладать бо*л*ьшей сознательностью и разумностью.

Структура структурой, но что она собой представляет на самом деле без материи и энергии, без пространства и времени или с их минимальными параметрами?

Конечно, она похожа на рыболовную сеть, в которую ловит Материю, только эта «сеть» – многоуровневая, многослойная, сверхобъёмная, сверхсферическая, имеющая разные по величине, но квантованные по величине скорости света, ячейки. Эта «сеть» ведь из чего-то сама должна быть сделана? Кроме этого, она сама создаёт более сложные структуры или не сама (самосознательная «сеть»), а тогда кто – если не она сама?

Если мы пришли к тому, что всё это структуры кванта, то, вероятно, и сама структура – это всё тот же квант, который называют божественным (параметры его нам пока неизвестны), ибо у нас нет пока другого определения и предположения. ЭСН получилась у нас уж очень правильная.

Она нам уже позволяет понять устройство живого и неживого миров.

Не будем далее глубоко вникать в эти философские и духовные понятия и вернёмся к дальнейшему исследованию «элементарной структуры Нави». Мы ещё не до конца выявили все её круговороты.

Вращение между рождением и смертью

Итак, мы предположили, что в начале эволюции ЭСН была «свёрнута» в «точку» тождественно «семени». Попав в Материю или соединившись с ней, она запустила в ней процесс расширения своей структуры. Она далее, как семя, начинает «прорастать» в «материальную разумную форму». Мы приходим здесь к таким же жизненным циклам нашей Природы: к рождению и смерти.

Если есть процесс рождения, т.е. «прорастания семени», то обязательно тождественно ему должен существовать процесс смерти. ЭСН обязательно «вращается» между рождением и смертью, но она сама, как структура, никогда не рождается и никогда не умирает. Это «вращение» ей необходимо для своего расширения в Космосе и наполнения Материей. Без него она так бы и осталась подобием «точки».

Циклы вращения между рождением и смертью подобны вращению между пространством и временем, между энергией и материей. Зачем Природе было создавать такие циклы вращения между ними? Зачем было делить Единую Жизнь на жизнь после рождения в пространстве и жизнь после смерти во времени (те же две ЭСН), как мы это успели понять ранее?

Первое, что приходит нам на ум, это то, что ЭСН имеет в себе некий «механизм», который позволяет ей эволюционировать и инволюционировать, попадая в Материю и соединяясь с ней. Её эволюция означает обретение материи и энергии, пространства и времени, а её инволюция – это будет уже их сворачивание. При этом она сама всегда будет неизменной структурой. Что или кто заставляет её эволюционировать или инволюционировать?

Второе, что приходит в наш разум, это то, что расширение структуры проходит не просто механически, а сознательно, или по определённому закону. Например, мы имеем атом водорода, который образован этой структурой, при этом он расширился до размеров его максимальных пространства и времени и не пошёл далее их расширяться, зафиксировав свои параметры на определённом уровне. Что или кто его остановил? Тем не менее, точно такая же, только планетарная структура расширилась до границ солнечной системы, галактики, вселенной и далее. Какая закономерность действует здесь или всё заранее определено, кто и где займёт отведённое ему место в мире?

Третье, что, кто и зачем переключает эти структуры на рождение или на смерть? На примере жизни мы получаем вращение этих структур в Материи между пространством и временем. Зачем существует этот «механизм» вращения жизни между материей и энергией, ведь у него должна быть какая-то эволюционная цель?

Четвёртое, основную цель эволюции структуры мы считаем достижение ей некоторых величин пространства и времени, материи и энергии, которые образуют гармонию с Единой структурой Мира, с Абсолютом. Эти структуры через свои «механизмы» должны стать материальными формами, которые должны быть гармоничными ему. Пока такой гармонии нет, все они будут находиться в эволюционном движении к этой цели, вращаясь между пространством и временем, при этом возможно даже столкновение между ними.

Давайте теперь подведём некоторый итог: ЭСН вполне может быть тем связующим звеном нашего мироздания, которое мы ищем. Давайте попытаемся более подробно рассмотреть её вращение между пространством и временем.

Итак, в начальный момент времени ЭСН представляет собой свёрнутый элемент, но всё же, имеющий некоторые начальные пространство и время, соответствующие своему планетарному уровню. Далее, включается его «механизм» расширения, и он начинает эволюционировать. Посмотрите на рисунок 19, в котором этот квант развёрнут во времени. Здесь мы предположили, что он будет развёртываться во всех

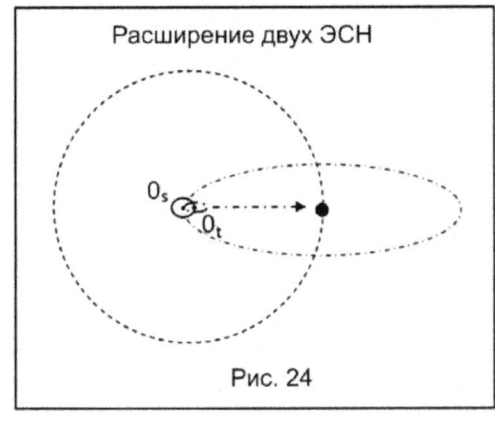

Расширение двух ЭСН

Рис. 24

своих плоскостях одновременно и параллельно. Это так же видно на рисунке 22. Эта параллельность означает, что он имеет четыре начальных состояний своих четырёх плоскостей, в которых все они свёрнуты в «точку» в центре системы 0_s, 0_t (рисунок 24), которые имеют между собой минимальный для своего уровня разрывной промежуток. Нулевые значения пространства и времени также будут иметь некоторую ограниченную величину, определяемую своим планетарным уровнем. После того, как малые кванты начнут формирование планетарного тела, каждый в своей плоскости, центральный квант также начинает расширяться (показано на рисунке 24 пунктирной стрелкой). Его центра пространства и времени начнут, как бы, раздвигаться, вращаясь вокруг центра масс системы.

Это будет продолжаться до тех пор, пока планетарная система не достигнет конца своей эволюции, своих максимальных параметров на своём планетарном уровне. Критерием её окончания станет новая пропорция между начальными и окончательными параметрами планетарного уровня. Мы предполагаем, что планетарный уровень должен закончить свою эволюцию при достижении им максимальных для этого уровня параметров.

Только после этого можно говорить об окончании эволюции ЭСН, потому что в этом случае она станет, как бы, малым кругом для ЭСН нового планетарного уровня. Малые кванты в её конце должны сформировать соответствующие структуры планетарных тел. Если по какой-то причине эволюция центрального кванта не достигла своей космической пропорции, своих максимальных параметров для своего уровня, а малые кванты ЭСН не успели сформировать свои формы, то наступает её смерть и последующая инволюция. Это будет означать, что ЭСН не набрала необходимого количества частиц и не смогла достичь своих максимальных параметров. Почему же эта структура не может сразу же их достичь? Зачем ей необходим такой круговорот между плоскостями и материями?

Дело в том, что сама структура обладает начальными параметрами с определённой энергетикой и начальными пространством и временем. Она может расшириться только до того предела, который позволяет ей сделать её параметры, которых она достигла в предыдущем круговороте. Если их величины не хватает, и они полностью выработаны в этом цикле эволюции, то ЭСН оказывается, как бы, в подвешенном состоянии, ибо она не соответствует пропорциям гармонии мира. Раз она не вписывается в гармонию мира, то она разрушается, опрокидываясь из пространства во время и наоборот (?). Во Времени эта структура сворачивается, но сохраняя в себе только что заново полученную энергию и материю, получая новые начальные пространство и время, которые могут быть уже больше нулевых значений этого планетарного уровня. Они за время эволюции, считаем, увеличились, но возможна даже её деградация. Так вращаясь между пространством и временем, в ЭСН идёт накопление материи и энергии, пространства и времени. Только так структура может достичь того идеала в гармонии мира, для которого она была определена.

Получается, что до начала своего развёртывания центральный квант и четыре малых кванта в модели ЭСН образуют некоторую единую, но пока ещё свёрнутую структуру. После перехода малых квантов на новый планетарный уровень подобная модель, возможно, получает «толчок» и начинает процесс своей эволюции, но она может и закончиться, а структура может стать стабильной, на подобие атома водорода.

Что же может представлять собой малый квант этой модели? Какую он несёт на себе нагрузку в эволюции? Какова в ней динамика развёртывания малого кванта? Каким образом он образует планетарную систему с планетой на её орбите? Каким же образом малый квант в этой модели формирует планетарное тело в одном из секторов центрального кванта света, заставляя её расширяться? Каким образом осуществляется создание орбитального планетарного тела, подобного электрону или планете Земля?

Итак, центральный квант образует пространство и время и имеет в себе нечто, что позволяет этой ЭСН эволюционировать. В нём первоначально присутствуют первичные параметры пространства и времени, которые образуют подобие точечных зарядов. Он из общей, действительно бесконечной Материи вселенной, при помощи наполнения частицами, через малые кванты, расширяет в себе свои собственные внутренние пространства (+S, –S) и времена (+t, –t), ограничивая их бесконечностью своего планетарного уровня.

Материальные частицы внутри пространства и времени имеют определённые качества и параметры, которые можно изменять в небольших пределах, но которые, тем не менее, составляют некоторую стандартную типовую структуру, например, атом, электрон, протон и т.п. Малый квант каждый в своём секторе, используя материю Космоса, формирует из неё планетарную структуру: планетарное тело, вращающееся вокруг центра системы по орбите.

Давайте перейдём непосредственно к анализу возможного начала такого соединения малого кванта с центральным квантом, но задачу упростим, предположив, что центральный квант организует некое своё первичное внутреннее пространство и время в Материи, в которой эта модель эволюционирует.

Итак, мы имеем пять квантов, которые создают ЭСН. Как и почему они объединяются в неё? Раз существует внутреннее первичное для модели пространство и время, то оно не может существовать без материальных или энергетических частиц, которые его образуют. Можно даже утверждать, что центральный квант содержит в себе первичные пространственную материю и энергию времени. Всё дело в том, что центральный квант – это всё же квант света, а он не может не иметь своих частиц.

На рисунках 19 или 22 мы обязаны в каждом знаковом секторе обозначить хотя бы по одной частице как материи, так и энергии. Получается, что малые квант модели в процесс

Часть 2. «Элементарный кирпичик» Материи

аннигиляции с центральным квантом сами создают эти частицы. Практически, модель ЭСН и изображения кванта на рисунке 19 – это одно и то же, только частицы в модели изображены квантами, которые их же и формируют.

Частицы сами по себе нейтральны, т.к. образуются практически одним и тем же, по структуре, квантом. Они обретают пространство и время, материю и энергию, когда попадают в соответствующий сектор центрального кванта, изменяя фазу своего состояния. Только тогда можно будет говорить об их конкретной материи или энергии, пространстве или времени и только тогда они получают свой «пространственно-временной заряд». Он явно зависит от того сектора центрального кванта, в котором они находятся.

Итак, ЭСН не что иное, как структура кванта света, будущие параметры которого зависят от его собственной внутренней силы. Чтобы добраться до неё, нам нужно до конца понять, как в этой модели работают малые кванты?

Работа малого кванта в ЭСН

Теперь, когда нами предположены общие принципы действия в модели центрального кванта, можно начать более глубокий анализ работы малых квантов. Попытаемся сделать это по тому же, развёрнутому по плоскостям, кванту рисунка 19, представив себе, что это будет один из малых кругов ЭСН. Для начала исследования нам лучше перейти в пространственный сектор +S (рисунок 18), и начать это моделирование с него. Нам есть здесь с чем сравнить – это планета Земля, солнечная система, атомы, электроны.

Итак, второй сектор центрального кванта схематически изображён на рисунке 21. В его начале будет находиться множество положительно заряженных электрических частиц времени. Начальная фаза малого кванта в этом секторе, как мы определили ранее, будет равна 180^0 и квант рисунка 19 надо начинать рисовать с точки 180^0. Его мы изобразили на рисунке 25. Электрические и магнитные силы кванта, изображённые на рисунке 25, для большей наглядности процесса показаны в одной плоскости, но они располагаются взаимно-перпендикулярно друг другу.

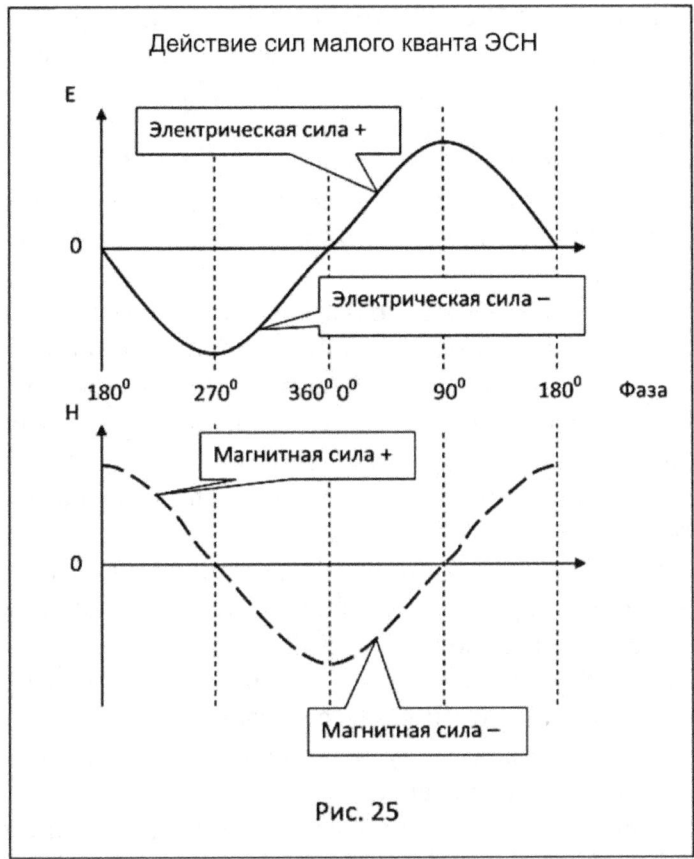

Рис. 25

Начальная точка малого кванта второго сектора соответствует мгновенному росту положительной магнитной энергии и полному отсутствию электрической энергии. Это как удар, ведь в Космосе инерции нет и частицы, попавшие в это магнитное поле, также мгновенно, начинают в нём вращаться. В начале первого полупериода малого кванта (рисунок 25) имеет место пиковое значение магнитной силы и затем оно переходит в испадающее положительное магнитное поле «Н».

Во вселенной учёные наблюдают своеобразные магнитные ловушки и наше резко возникающее, а затем ниспадающее магнитное поле, возможно, и есть такая магнитная ловушка, которая собирает материю Космоса в определённом пространстве и удерживает её там. Можно назвать это начальным моментом эволюции форм и создания пространства. Это захват материи Космоса и сосредоточение её в определённой плоскости, в нашем случае, в пространстве +S. Точнее можно сказать так, что начальное магнитное поле малого кванта, как бы, захватывает или создаёт пространство материи, соответствующее скрытой силе её центрального кванта. Эта «ловушка» накапливает и удерживает материальные частицы в пространстве действия этого магнитного поля.

Здесь необходимо сразу же оговориться: мы сейчас рассматриваем принцип формирования планетарного тела на орбите, но не пытаемся пока понять другой принцип этой модели – её эволюцию. Мы предполагаем, что модель уже достигла определённого состояния на своём планетарном уровне и уже формируется с определёнными параметрами пространства и времени.

Итак, продолжая описание действия малого кванта, во втором секторе образуется пространственная область, которая простирается от нулевого значения до своей границы, которая зависит от силы малого кванта – ведь в этом магнитном поле присутствует вся его сила. Для создания такой области он использует всю свою силу и материю в пространственном секторе центрального кванта.

Первичный всплеск магнитной силы позволил малому кванту получить частицы, которые оказываются уже не нейтральными, а заряженными в соответствии с полярностью магнитной силы, которая заставляет эти частицы вращаться во всей протяжённости действия магнитной силы вокруг центра будущей системы и делает их пространственными и материальными.

Действие сил малого кванта осуществляется из центра пространства – это один из полюсов действия сил. Магнитная сила мгновенно «взрывается» из этого центра и, как бы, уходит из него ко второму полюсу до границы бесконечности данной системы. Мы получаем источник, имеющий два полюса: центр системы и границу бесконечности системы.

Электрическая сила в начальный момент отсутствует, но в центре системы, там, где магнитная сила уже начинает отступать, возникает её нарастающее действие. В этом центре почти сразу же возникает небольшая область разряженного пространства, которое образуется этим вращающимся магнитным полем, заставляя частицы перемещаться от центра к границе «сферы». Вся «сфера» будет наполнена частицами, ведь они попадают во вращающееся магнитное поле.

В малом кванте света магнитная ловушка имеет ниспадающее положительное магнитное поле и на его фоне появляется возрастающее отрицательное электрическое поле. Магнитное поле постепенно ослабевает, а электрическое возрастает. В Космосе нет инерции, поэтому частицы материи могут вращаться бесконечно долго. Хотя магнитное поле постепенно исчезает, но его сила переходит в эти частицы материи, которые теперь будут вращаться до приложения новой силы. Это вращение частиц сохранится до конца «эволюции» малого кванта.

Возникает интересный вывод о том, что вращающаяся вокруг своей удалённой оси планета является одной из частиц центрального кванта. Ведь только они вращаются в нём со своей орбитальной скоростью. Это значит, что каждая частица образуется в своём секторе со своими свойствами. Центральный квант после окончания формирования планетарных тел, оказавшись в статическом состоянии, становится не чем иным, как просто новым малым квантом для новой ЭСН, уже наполненным частицами.

Весь процесс формирования планетарных тел можно рассмотреть, как процесс материализации малого кванта. Тогда вся наша эволюция вселенной не что иное, как процесс формирования и материализации квантов вселенской ЭСН, постепенно наполняющейся частицами Материи и её Силой!

Переход малого кванта в планетарное тело

Всё ближе и ближе мы подбираемся к знаниям о планетарных телах, о том, каким образом они могли бы возникнуть в нашей вселенной. Трудно поверить в то, что причина их возникновения может состоять в простом сложении квантов между собой и их аннигиляции. Вроде бы обычный квант, но каким образом он формирует планетарные тела? Откуда появляется Материя для новых планетарных тел?

Давайте далее смоделируем это формирование планетарных тел малыми квантами ЭСН в «теле» центрального кванта. Итак, мы определились, что в начальной точке второго сектора пространства, который мы сейчас будет рассматривать, в центральном кванте действуют две силы: максимум положительной электрической силы и минимум магнитной силы (рисунок 21, фаза 90^0). В его конце (фаза 180^0) – максимум магнитной силы и минимум электрической силы. Надо обратить внимание ещё на один аспект в действии этих сил: ограниченная бесконечность времени в начале второго сектора сворачивается до ограниченного нуля времени в его конце; ограниченный нуль пространства в его начале развёртывается до ограниченной бесконечности в его конце (рисунок 21). Между началом и концом сектора, возможно, никаких ограниченных нулей и бесконечностей не существует. Получается, что динамика второго сектора центрального кванта, как и всех остальных секторов, заключается в том, чтобы переместить нули и бесконечности из одной плоскости в другую. Эта цель пока для нас не совсем ясна.

Какова же общая динамика малого кванта в этом секторе? Конечно, он имеет в своей нулевой фазе (рисунок 25) максимум положительной магнитной силы и минимум электрической силы. В конце этого сектора он будет иметь те же самые силы, обращённые зеркально. Получается, что у нас в этих параметрах (начало, конец) ничего не изменилось, но так ли это на самом деле?

Смоделировать процесс с большой точностью очень сложно и нам придётся, может быть, даже «подгонять» наше описание под возможную структуру планетарного тела. Нам обязательно нужно с чего-то начать и описать процесс, хотя бы, в общем виде, а уже позднее уточнить все его «шаткие» моменты. Мы попытаемся смоделировать его относительно положительного пространства.

Итак, электрическая сила во времени обладает свойствами магнитной силы в пространстве. Это означает, что при переходе через фазу 90^0 (рисунок 19), центральный квант зеркально меняет свойства своих сил. Его положительная электрическая сила в этой фазе, имеющая во времени

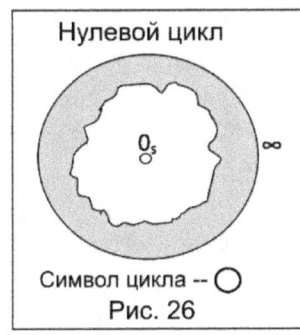

Рис. 26

свойство магнитной силы, при переходе через неё меняет свои свойства и становится обычной положительной электрической силой в пространстве, но вращение частиц вокруг удалённой оси продолжается по инерции. Мы не можем этого утверждать, но предположим, что это так (рисунок 26).

Введём ещё понятие символа цикла, для контроля процесса формирования планетарных тел на разных стадиях. Символом такого начала будет полностью светящийся круг (взрыв света). Эти символы циклов позволят нам, в дальнейшем, сравнить и более полно понять процесс эволюции планетарной материи Земли, который при помощи их описан в духовных источниках (7). По ним мы сможем уточнить наше описание такой структуризации и материализации планетарной материи.

В начале циклов при воздействии магнитной силы малого кванта в первом секторе частицы разгоняются и становятся энергетическими – частицами энергии. Возникает пустотелая «сфера» таких энергетических частиц, вращающаяся вокруг центра пространства. Мы должны были получить в самом начале «сферу» частиц света вокруг центра пространства и пустоту внутри него. И у нас возникло понятие центра пространства, который пока пуст, потому что вокруг него пока находятся частицы времени и само время, а пространство – это «пустая» точка в центре системы.

В первом цикле пиковая величина магнитная силы сразу же начинает спадать (рисунок 25, фаза 180^0), а в центре постепенно возникает нарастающая отрицательная электрическая сила, которая растёт до фазы 270^0 рисунка 25. Эта сила начинает притягивать к центру пространства часть этих энергетических частиц, образуя в конце этого цикла, возможно, плазменную планету. Происходит постепенный и нарастающий разряд электрической энергии в центр пространства.

Рис. 27

Электрическая сила будет составлять только одну четвёртую часть от всей силы центрального кванта в этом секторе, а это означает то, что она притянет к центру точно такое же количество частиц: одну четвёртую их часть. Этот цикл изображён на рисунке 27, а его символом будет круг с точкой в центре, символизирующий о рождении пространственной планеты.

В конце первого цикла в фазе 270^0 малого кванта мы имеем максимум отрицательной электрической силы и минимум магнитной силы. «Сфера» светящихся частиц ещё существует вокруг образовавшейся пространственной планеты. Энергетические частицы, которые притянулись в центр пространства, обретают его противоположный знак и становятся материальными. Этот процесс перерождения описан нами ранее: эти частицы должны потерять свою скорость и остановиться, только в этом случае они становятся материальными. Энергетические частицы отдают свою энергию при переходе в материю и разогревают эту планету до состояния плазмы, но уже поглощают свет. «Солнце» существует вокруг плазменной планеты и занимает всё её небо.

Второй цикл начинается с возрастания отрицательной магнитной силы (рисунок 25, фаза 270^0), которая начинает раскручивать частицы, находящиеся в центре пространства и вращать нашу вновь рождённую плазменную планету вокруг своей оси. Эта магнитная сила действует в плоскости пространства и, расширяясь в нём, постепенно вытягивает её в форму диска. Планета становится плоской и обретает форму диска. «Сфера» энергетических частиц точно так же ощущает на себе воздействие магнитной силы, которая частично останавливает её вращение, действуя встречно. Скорости вращения дископодобной планеты и «сферы» совпадают, но направлены встречно. Между ними возникает пустое пространство «неба», в котором происходит дальнейшая передача энергетических частиц планете, но уже посредством магнитной энергии. Между двумя встречно вращающимися магнитными полями возникает магнитный разряд, по которому частицы снова переходят из одного состояния в другое (рисунок 28). Планета расширяется в плоскости пространства и вырастает ещё на одну четвёртую часть своей массы частиц. Её пространство значительно вырастает.

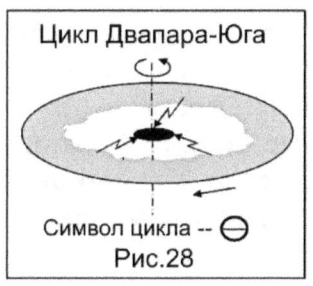

Итог такой: в конце второго цикла мы получаем дисковую плоскостную планету, которая вращается вокруг своей оси в центре пространства, а вокруг неё всё ещё существует «сфера» энергетических частиц. Привычного нам Солнца ещё нет, и свет занимает всё небо планеты. Его масса уже стала вдвое меньше начальной массы, а это значит, что наша планета остывает и из плазменной становится газо-плазменной планетой. Этот цикл изображён на рисунке 28, и его символом будет перечёркнутый в центре круг, означающий формирование плоскостной планеты. Теперь становиться понятным почему некоторые духовные источники Землю описывают в виде диска, стоящего на трёх китах, слонах и т.д.

Второй цикл заканчивается пиком отрицательной магнитной силы и минимумом электрической силы (рисунок 25, фаза 360^0). Возникла новая структура, которая стала газо-плазменной плоскостной планетой, вращающейся вокруг своей оси в центре системы. Вокруг неё всё ещё находится светящееся «небо».

Третий цикл начинается с возрастания положительной электрической силы и падения величины отрицательной магнитной силы (рисунок 25, фаза 0^0). Что приносит нам эта новая положительная электрическая сила?

До этого в нашей модели существовала положительная электрическая сила центрального кванта, которая была ограниченной бесконечностью и находилась снаружи системы, но теперь она оказывается внутри неё и оставшиеся энергетические частицы «сферы» теперь должны будут переместиться в центр системы, образовав энергетическую планету – Солнце.

Только сейчас, в третьем цикле возникло наше Солнце в том виде, в котором мы привыкли его наблюдать. Отрицательная электрическая сила, действующая в первом цикле, собрала вокруг себя материальные частицы, образовав планету, но теперь она должна оказаться снаружи системы на её орбите. Пространственная планета из центра системы выталкивается положительной силой на свою будущую орбиту. Но вращения по орбите вокруг центра системы ещё не существует. Ещё нет воздействия новой силы. Планета будет пока вращаться только вокруг своей собственной оси, но уже на некотором расстоянии от центра системы. Кроме этого положительная сила делает плоскую планету объёмной, вытягивая её на полюсах. Солнце также становится объёмным. Всё обретает объём.

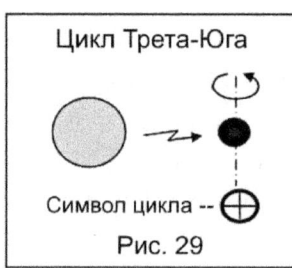

В третьем цикле возникли: нулевая точка времени, в которой расположилось наше Солнце и бесконечность пространства – объёмная планета. Этот цикл изображён на рисунке 29, а его символом является круг с двумя перекрещивающимися линиями, которые говорят о двух взаимно-перпендикулярных плоскостях. Это уже будет символ объёмной системы. Время в нашей модели постепенно сворачивается к нулю времени, а пространство системы растёт до своей ограниченной бесконечности, выводя планету на свою орбиту.

В конце третьего цикла мы получаем следующее: Солнце, находящее в центре системы, и планету, пока стоящую на своей орбите и вращающуюся вокруг своей собственной оси. Формируется объёмная планета, которая ещё больше (на одну четвёртую часть) увеличилась в размерах и остывшая до нового состояния материи – жидкости, т.к. уже находится на большем расстоянии от Солнца. Это уже будет газо-жидкостная планета, имеющая на своей поверхности застывшую плазму – твёрдую почву. Разряд между материями возникает ещё более сильный, т.к.

он становиться однонаправленным между Солнцем и Землёй, вдоль одной линии.

Четвёртый цикл начинается с возрастания магнитной силы, которая раскручивает планету вокруг удалённого центра (рисунок 25, фаза 90⁰). Возникает разряд магнитной энергии между Солнцем и Землёй (не это ли наши магнитные бури?). Ещё одна четвёртая часть частиц переходит в массу планеты, которая уже начинает двигаться по своей орбите. Естественно, она ещё больше остывает и обретает органические структуры жизни. Получается современная планетарная солнечная система с Солнцем в её центре и планетой, вращающейся вокруг него по орбите и вокруг собственной оси. Когда все частицы перейдут в её массу, то от нашего Солнца ничего не останется. Ему просто будет незачем светить. Его энергетические частицы времени в малом кванте просто закончатся. Центр системы будет пуст, и пространственная планета окажется в полной темноте, ещё больше остывая. Она должна будет бы перейти или в статическое состояние, или умереть, начав процесс эволюции снова. Этот цикл изображён на рисунке 30, а его символом будет планета, вращающаяся вокруг удалённого центра, который обозначается перекрестием.

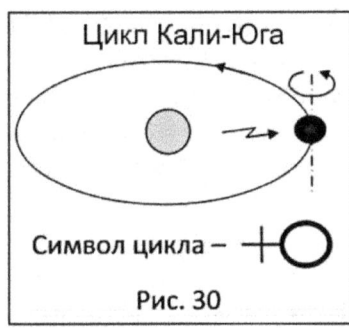

...

Кстати, христианский крест тоже может являться таким символом, показывающий наше местонахождение во вселенной. Его главное перекрестие – это центр вселенной; наклонное перекрестие – наше положение в ней. Если посмотреть сверху на главный купол христианской церкви, то там мы увидим символическую картину нашем модели ЭСН в купольном исполнении, где главный купол будет аналогичен центральному кванту, а четыре малых купола – четырём малым квантам, но это только предположение о такой символичности, хотя оно не лишено смысла.

...

Те символы, которыми мы обозначили циклы, принадлежат знаниям древних индийских Вед, которым уже более пяти тысяч лет. Они указывают нам на структуру эволюции планетарных тел от светящейся плоскости, через «точечную» плазменную планету, до её современного состояния – планеты, вращающейся вокруг своей оси и вокруг удалённого центра по орбите. Если мы их правильно поняли, то они подтверждают наши предположения о структуре и эволюции планетарных тел в модели ЭСН. Есть и другие символические подтверждения в духовных знаниях, которые мы приведём позднее.

Это вызывает удивление

Наше описание формирования материальной планеты пространства уже само по себе вызывает удивление, ведь до сих пор об эволюции Земли и планет солнечной системы нет чётких знаний. Описание эволюции планетарного тела пространства на основе соединения двух квантов модели ЭСН даёт нам основание для более точной гипотезы, которая уже подкрепляется материальными и даже духовными знаниями. Путь моделирования, выбранный нами, уже даёт ощутимые результаты и новую возможность для продолжения поисков истины.

Мы выше рассмотрели действие модели ЭСН Пространства при формировании ей материальной частицы-планеты во втором секторе центрального кванта, в секторе положительного пространства (рисунок 18). Мы подразумеваем, что в этом секторе находится наша планета Земля, и наше сравнение динамики модели в этом секторе и её эволюции помогли нам подтвердить верность модели ЭСН. Это только один из четырёх малых «кругов» и секторов модели ЭСН Пространства, одна четвёртая её часть.

Условия новой задачи наших поисков состоит в следующем: в первом секторе центрального кванта, секторе положительного времени, нам надо было бы получить точно такое же планетарное тело времени, какое мы получили в пространстве второго сектора. По нашему предположению все малые кванты, каждый в своих секторах центрального кванта, формируют точно такое же планетарное тело, которое мы получили во втором секторе пространства. Вопрос задачи возникает такой: как будут действовать силы в этом секторе положительного времени, и сможем ли мы получить там точно такое же планетарное тело, но уже во времени? Сможем ли мы там смоделировать подобный планетарный процесс и получить планетарную систему времени подобную пространственной системе?

Нами уже предположен ранее результат формирования планеты времени, но таких данных, известных нашей науке, у нас пока нет. Тем более, что развитие эволюции планетарных тел не в пространстве, а во времени вообще составляет для нас «тайну за семью печатями». Эту задачу нам придётся рассматривать относительно пространственного сектора, где у нас есть «щупальца». Это значительно усложняет поставленную задачу, но не сильно.

Ранее мы предполагали, что свойства сил во времени относительно пространства меняются зеркально, т.к. меняются плоскости действия этих сил. У нас есть данные из рисунка 20, в котором показан первый сектор времени центрального кванта. В начале этого сектора действует максимум магнитной силы и минимум электрической силы; в конце сектора – максимум электрической силы и минимум магнитной силы. Это взгляд относительно нашего пространства, а нам теперь на это надо посмотреть из другой плоскости времени, а не только из пространства. Нам, может быть, придётся даже «выйти» вовне из них в нейтральный Космос.

Прежде чем начать рассматривать вопрос моделирования тел во времени, мы должны предварительно определиться с центральным квантом и рассмотреть расстановку фаз его сил в каждом секторе. Центральный квант изображён на рисунке 19, но он изображён там относительно нашего пространства, а нам надо его рассмотреть относительно всех остальных плоскостей.

Со вторым сектором пространства этого кванта мы уже определились: он имеет в начале своего действия максимум электрической силы и минимум магнитной силы, а в конце – максимум магнитной и минимум электрической сил. Если мы предполагаем, что все планетарные тела в каждом секторе формируются подобным образом, то такое начало там будет обязательным. Расстановка сил во всех остальных секторах должна быть точно такой же, как в пространственном секторе, только они будут иметь свою начальную и конечную фазы.

Если рассматривать и ставить вопрос так, то рисунок 19 должен остаться точно таким же и расстановка сил в центральном кванте в каждом его секторе будет соответствовать этому рисунку, но это взгляд из положительного пространства. Что изменится в этом изображении, если мы перенесём свою точку наблюдения в другой сектор?

Центральный квант в этом случае должен, как бы, провернуться вокруг своей оси и изменить назначение плоскостей. Давайте, пройдёмся по каждому сектору и попробуем найти эти состояния плоскостей, не изменяя изображения сил центрального кванта рисунка 19.

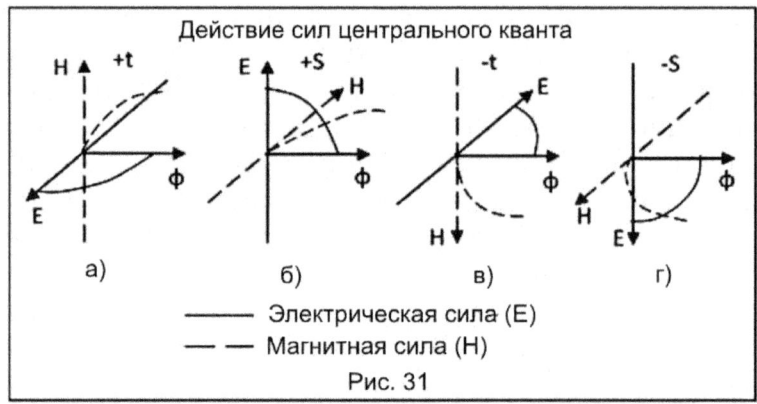

Рис. 31

Изобразим предполагаемую расстановку плоскостей и сил в центральном кванте нашей модели ЭСН на рисунке 31. На нём показаны четыре сектора центрального кванта. Нам удалось провернуть оси их плоскостей так, что начало процесса всегда складывается с одним и тем же расположением сил: максимумом электрической силы и минимумом магнитной силы – в начале моделирования; максимумом магнитной силы и минимумом электрической силы – в конце процесса моделирования. В этих четырёх секторах мы видим, что плоскости от сектора к сектору вращаются по часовой стрелке, как мы предполагали ранее. Моделирование каждого сектора центрального кванта, с большой степенью вероятности, будет тождественным той модели планетарного тела, которую мы описали в пространственном секторе (рисунок 31б). Давайте проверим это.

Если мы перейдём к первому сектору положительного времени (рисунок 31а), то там мы видим, что плоскости развернулись против часовой стрелки на 90^0, но положение сил осталось точно таким же. Если возьмём третий сектор (рисунок 31в) отрицательного времени, то и там мы видим, что его плоскости развернулись вокруг оси относительно сектора пространства на те же 90^0, только по часовой стрелке, и расстановка сил осталась той же самой. Точно такая же картина сил имеется в четвёртом секторе отрицательного пространства (рисунок 31г).

Давайте теперь рассмотрим начало процесса формирования планетарного тела в положительном времени (первый сектор ЭСН). Электрическая сила, действующая в пространстве, будет иметь свойства магнитной силы, т.к. она действует в плоскости времени; магнитная сила пространства станет во времени обладать свойствами электрической силы, т.к. она действует из плоскости перпендикулярной плоскости времени. Это значит, что теперь электрическая сила времени должна будет иметь уже своё действие, подобное магнитной силе второго сектора, на плоскость времени. Ещё одно важное условие заключается в том, что и сами материи меняются местами: энергия становится материей, а материальные частицы – энергетическими, как новое зеркальное отображение свойств.

Получаем полное зазеркалье!

Если снова обратиться к рисунку 31а, то отрицательная магнитная сила времени становится аналогична положительной электрической силе пространства. Как мы видим, знак её силы отображён зеркально. В конце процесса во времени мы имеем максимум положительной магнитной силы и минимум электрической силы. Здесь знаки сил не изменяются, но направление координатных осей во времени, которые описывают эти силы, стало иным относительно пространства. Оставим пока наше пространство в покое и полностью перенесём свою точку наблюдения в плоскость положительного времени. Давайте будем наблюдать процесс формирования планетарного тела времени уже из неё.

Как только мы проанализируем сложившиеся условия для моделирования во времени, то мы увидим, что там все становится аналогичным моделирования пространству. В конце концов, мы получает точно такую же картину процесса, которую перед этим моделировали в пространстве, только она возникает уже в плоскости времени. Картины действия магнитной и электрической сил во времени будет тождественной картине пространства.

Рис. 32

Если внимательно посмотреть на рисунок 32, то там можно увидеть, что малый квант этого сектора аналогичен малому кванту пространства на рисунке 25.

Модель планетарной системы во времени получается полностью аналогичной пространственной, но уже относительно времени. Она уже будет действовать и разворачивать планетарное тело в плоскости времени. По такому предположению, у нас образуется энергетическая планета положительного времени, вращающаяся вокруг своей собственной оси времени и по орбите вокруг удалённого центра. Давайте всё же произведём такое моделирование, чтобы нам стало это более понятным.

Малый квант, начальная фаза которого соответствует первому сектору центрального кванта, изображён на рисунке 32. Почему мы изобразили так его оси, изменив их направления на противоположные? Малый квант пространства отличается от малого кванта времени тем, что их начальная фаза отличается друг от друга на 180^0. Чтобы перейти из пространства второго сектора центрального кванта во время первого сектора нам надо эти оси малого кванта провернуть на 180^0. Они должны изменить своё направление зеркально, что мы и сделали на рисунке 32. На нём, в этом случае, мы получаем точно такой же малый квант во времени первого сектора центрального кванта, полностью соответствующий малому кванту пространства второго сектора. Он также начинается с максимума положительной магнитной силы, которая постепенно спадает. Его электрическая сила также постепенно растёт в своих отрицательных значениях, как и в малом кванте пространства.

Малые кванты пространства и времени получились аналогичными друг другу, хотя действуют в разных секторах, и поэтому нет смысла повторять наше описание формирования планетарного тела во времени. Единственное отличие в этом процессе формирования планетарного тела заключается в том, что оно формируется в другой плоскости центрального кванта, в плоскости положительного времени.

Как мы успели заметить, все процессы эволюции мы описываем в плоскости действия магнитной силы модели. Электрическая сила модели, как бы, отдаёт свою материю для формирования планетарного тела и совершает свою инволюцию в плоскости перпендикулярной действию магнитной силы.

Это уже становиться довольно интересным, т.к. сейчас мы описали первое планетарное тело нашей планетарной системы во времени, которое должно бы существовать и в солнечной геоцентрической системе Птолемея. Мы назвали эту планету времени «энергетической» только для того, чтобы отличать её от планеты в пространстве, которую мы назвали «материальной», хотя это всё одна и та же материя, но она имеет разные свойства в разных плоскостях.

Отрицательные сектора ЭСН

Разберём далее формирование планетарных тел в соответствии с моделью ЭСН (рисунок 18) в отрицательных плоскостях. Мы ранее рассмотрели формирование тел в 1-ом и во 2-ом секторах центрального кванта и при этом получили два разных планетарных тела:

Часть 2. «Элементарный кирпичик» Материи

- 1-ый малый квант – энергетическая планета в положительном времени;
- 2-ой малый квант – материальная планета в положительном пространстве.

У нас остались ещё два малых круга: третий и четвёртый. Что же формируют они, какие планетарные тела? Вместе с ними у нас осталось ещё два планетарных тела: одно пространства и одно времени с отрицательными значениями их величин.

Опишем свойства этих малых кругов: 3-ий малый круг находится в энергетическом секторе отрицательного времени; 4-ый малый круг – материальный сектор в отрицательном пространстве. Мы ранее указывали, что малые кванты способны изменять свои свойства под действием зарядовых значений центрального кванта. Давайте предположим то, какие планетарные тела образуются в третьем и четвёртом малых кругах.

Третий круг формирует планетарное тело времени, только время его сектора отрицательное. Это значит, что вектор электрической силы в нём изменяет направление действия (рисунок 31в). Следовательно, направление действия этих сил будут противоположные силам положительного времени.

Тогда мы получаем отрицательное энергетическое планетарное тело. Оно будет уравновешивать две разнозарядовые планетарные системы во времени. Малый квант ЭСН будет иметь ту же начальную фазу состояния, что и квант, изображённый на рисунке 32, только его начальной фазой уже будет фаза 360^0, а не 0^0 Если это так, то тогда он сформирует точно такую же планету, какую мы получили в первом секторе положительного времени, только её время будет действовать встречно и идти, как бы, из будущего в прошлое (в первом секторе оно идёт из прошлого в будущее).

Планета третьего сектора, предположительно, будет вращаться в другую сторону относительно первого сектора как вокруг своей оси, так и по орбите. Нам трудно это представить, но мы предполагаем, что эти планеты времени окажутся в этой планетарной системе каким-то образом полностью совмещёнными – некой единой сдвоенной планетой времени. Её свойства будут изменяться только в том случае, если мы развернём её на 360^0, тогда её время пойдёт в другую сторону (это похоже на развёрнутый электрон на 360^0, который обладает уже другими свойствами относительно обычного электрона).

Каким образом можно себе представить, что обе планеты, сосредоточенные в одном месте и вращающиеся в разные стороны вокруг своей оси и по орбите, вдруг оказываются единой планетой, но уже в настоящем. Они будут совмещёнными только в нём.

Возьмите два одинаковых шара и заставьте их вращаться в разные стороны, а затем их совместите. Что у вас из этого получиться? Произойдёт взаимная компенсация вращения и они должны бы остановиться или разлететься в разные стороны, но никак не совместиться. В нашем случае, такой компенсации не происходит, т.к. это разнознаковые тела времени, которые вращаются в разные стороны и в разнознаковых плоскостях. Давайте теперь наложим их друг на друга без компенсации сил, что мы будем иметь в этом случае?

Эти планеты времени будут вращаться каждая в свою сторону: одна – из прошлого в будущее; другая – из будущего в прошлое, но у них появиться одна общая точка совпадения вращений – настоящее. Если настоящее двигается из прошлого к будущему, то мы увидим планету положительного времени, а если оно двигается из будущего к прошлому – то отрицательного времени. Здесь нам немного повезло, т.к. мы не видим ни эту планету, ни ту, а вот в пространстве …

С четвёртым малым кругом в четвёртом секторе картина будет точно такая же, как с сектором отрицательного времени. Например, при положительной магнитной силе в отрицательном пространстве изменяется её направление действия и вращение планетарного тела становиться точно такое же, как при отрицательной магнитной силе в положительном пространстве. Можно предположить и то, что должно бы измениться направление вращения планеты. Оно, действительно, будет противоположным направлению вращения в положительном пространстве. Планета будет находиться на той же орбите, что и материальная планета положительного пространства.

Единая планетарная система в пространстве получается также полностью уравновешенной в знаках пространства и его силах. Возможно и то, что планета отрицательного пространства даже будет находиться на том же месте и на той же орбите, что и планета положительного пространства. Точно такой же парадокс, как и во времени, мы получим при нашем моделировании в пространстве.

В нашей модели получается такая же совмещённая единая планета двух разнозначковых пространств, состоящая из двух разнозначковых планет. Если мы не можем наблюдать планету времени, то планета положительного пространства всё же нами изучается, но где здесь существует планета отрицательного пространства? Мы, как существа положительного пространства и имеем «щупальца», соответствующие этому плюсовому знаку пространства, сможем ли увидеть это отрицательное пространство?

Если обратиться к атомам, то, как мы ранее предположили, это отрицательное пространство находится в ядре атома в его центре и является кварком протона. Только один электрон, который мы считаем пространственным телом, вращается вокруг этого ядра по своей орбите. Получается то, что наша планета отрицательного пространства, вроде бы, должна находиться в ядре нашей солнечной системы, внутри Солнца, но это взгляд из положительного пространства.

Косвенно, мы можем представить себе эту планету отрицательного пространства: для этого надо посмотреть в обычное зеркало и там мы увидим «отрицательное пространство». Все наши действия в этом зеркале, как бы, будут отрицательными, т.е. противоположными реальным.

Единение малых квантов ЭСН

Наше моделирование в четырёх секторах центрального кванта света закончилось. Из элементарной структуры Нави, через её материализацию в плоскости Пространства, мы получили уже её материальный аналог. Нами при этом

моделировании получены в системе Пространства четыре различных планетарных тела, находящиеся в нём. Все они составляют материальный аналог ЭСН:
- планета положительного времени;
- планета положительного пространства;
- планета отрицательного времени;
- планета отрицательного пространства.

Представьте себе, что большой круг модели провернулся по полному кругу и, следовательно, одновременно были сформированы четыре планетарных тела, вращающихся вокруг удалённого центра системы. Нам, для полного итога моделирования, все эти тела нужно попытаться теперь объединить в единую пространственно-временную планетарную систему. Причём, нам уже ранее удалось предположить такие объединения внутри пространства и времени. Давайте попробуем соединить такие разные планеты пространства и времени в единое целое, чтобы получить некоторую «Единую систему Пространства», этот материальный аналог ЭСН.

Итак, мы получили следующий итог моделирования: единая планета двух разнознаковых пространств вращается по своей орбите вокруг удалённого центра пространства в его «горизонтальной» плоскости; единая планета времени также вращается по своей орбите вокруг удалённого центра времени в его «вертикальной» плоскости; обе они вращаются по орбитам внутри некоего бо́льшего Пространства; их плоскости орбит в пространстве и времени располагаются взаимно-перпендикулярно. К тому же, центр масс Пространства мы считаем единым для всех четырёх тел. Их орбиты и сами их центра систем так же вращаются вокруг него. Нам придётся пока оставить это описание неполным, т.к. не совсем понятна механика их соединения и наличие точки соприкосновения.

Мы рассмотрели не все возможные варианты соединений квантов между собой. Если в центральном кванте Пространства мы изучили каждый сектор, то в малых квантах остались неизученными места с начальными фазами

состояний 90^0, 270^0, 450^0 и 630^0. Изученные нами, начальные фазы малых квантов света в Пространстве были такими:
- 0^0 – малый квант сектора положительного времени;
- 180^0 – малый квант сектора положительного пространства;
- 360^0 – малый квант сектора отрицательного времени;
- 540^0 – малый квант сектора отрицательного пространства.

Нами была рассмотрена модель ЭСН в Пространстве. Мы получили планетарную систему с четырьмя телами именно в ней. Всё они принадлежит бо́льшему Пространству, но существует ещё соответствующее ему бо́льшее Время, которое имеет свою, как бы, «вертикальную» модель и свои четыре тела в планетарных системах ЭСН Времени. Она будет сильно взаимосвязана с ЭСН Пространства и равнозначна ей. Возможно, эти начальные фазы соответствуют своим малым квантам и своему сектору центральному кванта такой «вертикальной» модели Времени относительно «горизонтального» Пространства:

- 90^0 – малый квант сектора положительного времени;
- 270^0 – малый квант сектора положительного пространства;
- 450^0 – малый квант сектора отрицательного времени;
- 630^0 – малый квант сектора отрицательного пространства.

«Вертикальная» модель Времени будет смещённой относительно «горизонтальной» модели Пространства на фазу 90^0. Это означает, что сектора её центрального кванта сместятся ровно на один сектор. ЭСН Времени будет выглядеть точно так же, как и ЭСН Пространства. Это говорит нам о том, что все процессы будут идентичны процессам пространственной модели, только плоскость их действия будет другой. Мы здесь получим всё те же планетарные тела, которые вращаются по своей орбите вокруг удалённой оси, только всё это будет происходить совершенно в другой, взаимно-перпендикулярной плоскости и зеркально.

Здесь необходимо отметить, что обе ЭСН получаются одними и теми же по своей структуре, только будут находиться уже в разных плоскостях: одна – в плоскости бо́льшего Пространства; другая – в плоскости бо́льшего Времени.

Единая структура Нави, как атом водорода, будет иметь в себе две плоскости одновременно с восемью планетами, вращающимися вокруг двух нулевых центров, вдоль двух своих границ бесконечности. Мы поэтому назвали её «единой структурой Нави» (далее ЕСН), потому что она будет состоять из двух ЭСН. Это позволит нам их отличать между собой. Полное описание атома водорода через две ЭСН, которое мы приводили ранее, полностью соответствует «единой структуре Нави».

В материальном пространстве атом водорода имеет своё ядро и вращающийся вокруг него электрон. Но это взгляд из пространства. Если вынести нашу точку наблюдения во вне пространства и вне времени (рисунок 4в), то его ядро сильно похудеет, т.к. тогда все системы обретут своё истинное место. Тогда все его кварки окажутся на своих орбитах и будут вращаться вокруг центров их систем, а в центрах систем могут находиться только проекции инволюционирующих систем. Потому что это буду уже другие большие плоскости и другая ЕСН.

Если обратиться к солнечной системе, то у неё есть два своих центра систем: Солнце и Земля, которые вращаются вокруг центра масс единой системы. Здесь мы видим подтверждение нашей правоты: центр масс, например, солнечной системы должен оказаться «пустым». Даже Солнце и Земля, как два центра соответствующих им планетарных систем пространства и времени, вращаются по своим орбитам вокруг этого центра масс, который пуст, во всяком случае мы его таким будем наблюдать.

Пока, все выводы нашего исследования подтверждают те знания, которые мы сегодня имеем. Они полностью, на примерах строений атома водорода и солнечной системы, подтвердили нам реальность элементарной структуры Нави. Она даже дополнила их строение своими новыми открытиями. Конечно, мы сильно упростили наше исследование всего до одной ЭСН, а теперь нам предстоит попытаться соединить их в более сложные системы мироздания.

Давайте попробуем это осуществить.

Часть 2. «Элементарный кирпичик» Материи

Часть 3. Моделирование сложных планетарных систем

> *«Мир – это только игра его бытия, знания и блаженства. Сама материя, как вы поймёте однажды, нематериальна, это не субстанция, а форма сознания, проявление многообразия бытия, воспринимаемое чувственным познанием». (1)*
>
> Шри Ауробиндо.

Создание пространственной модели элементарной структуры Нави и её исследование привели нас к пониманию процессов, происходящих при образовании планетарной материи. Постепенно всё сводится к тому, что атомы состоят из квантов света, которые формируют его частицы. Даже наша планета Земля получается подобной частице кванта света, только имеющего большой период вращения. Очень скоро мы можем прийти к пониманию того, что наша Материя, не что иное как сам Свет: одна из его разновидностей.

Структура материи на любом планетарном уровне оказывается в нашем моделировании тождественной, что позволяет нам сравнивать получаемые результаты с известными нашей науке данными. Расхождений с научными данными у нас практически нет. Здесь даже имеет место дополнение этих данных, полученными из духовных знаний и тех выводов, которые мы делает при исследовании ЭСН.

Всё это говорит нам о том, что модель ЭСН, имеет полное право на существование, но, чтобы ещё больше убедиться в этом, предпримем его исследование далее только уже в динамике. В ЭСН мы предположили параллельное развёртывание планетарных тел, планет в пространстве и во времени некоего большего Пространства или большего Времени. Нам удалось даже описать взаимодействие квантов внутри этой модели и даже смоделировать формирование планетарных тел, вращающихся вокруг удалённого центра по своей орбите.

Мы исследовали пространственную модель и взаимодействия внутри неё в готовом виде, как бы, в статике. Эволюция этой модели частично была затронута нами и даже возникло понятие вертикальной межуровневой модели с эволюционным переходом её с одного планетарного уровня на другой. Но каким образом вообще могла появиться в Материи подобная структура, ведь она не пошевелится пока на неё не будет оказано какое-либо силовое воздействие? Это для нас пока остаётся загадкой.

Чтобы далее проникнуть в тайны мироздания вселенной нам необходимо понять всю структуру мироздания. Это предстоит сделать уже не в пределах одной модели ЭСН, которая может помочь нам понять только строение атома водорода или простейшей планетарной системы, а проникнуть более широко в глубины структур вселенной и их взаимодействий между собой. Вселенная – это не только одна некая высшая вселенская модель ЭСН, а их будет в ней бесконечное множество.

Сколько их будет в структуре вселенной? Какого они будут качества? Как они будут взаимодействуют друг с другом?

На все эти вопросы нам необходимо будет найти ответы.

Глава I. Полная структура взаимодействий

Итак, модель ЭСН, например, солнечной системы, состоит из четырёх отдельных планетарных систем, три из которых мы не видим, но смогли предположить их местоположения, а на одной из них мы живём сами. Все они, как и сама модель ЭСН, были рассмотрены относительно бо́льшего Пространства +S, в котором она исследовалась.

Раз существует бо́льшее Пространство, значит должно быть и бо́льшее Время +Т, о чём мы утверждали ранее. Это Время имеет свою модель ЭСН и даже ЕСН. Мы предположили, что она сдвинута по начальной фазе своего состояния на 90^0, а её плоскость будет взаимно-перпендикулярной плоскости Пространства, что, как раз, сдвигает фазу её начального состояния.

Эти две модели ЭСН Пространства и Времени взаимодействуют между собой и существуют одновременно и даже параллельно, образуя двойную «единую структуру Нави» (ЕСН). К ним можно ещё добавить бо́льшее отрицательно Пространство –S и такое же бо́льшее отрицательное Время –Т. Здесь мы получаем ещё одну ЕСН с отрицательными параметрами. Две ЕСН уже образуют новую бо́льшую модель ЭСН ещё бо́льшего, например, Пространства S_{n+1}.

Таким образом, мы можем двигаться далее, составляя модели, как вверх к бесконечности, так и разбирая их на составляющие, двигаясь вниз к нулевой отметке, о чём мы утверждали ранее. Сдвиг моделей ЭСН на 90^0 позволяет нам предположить, что Пространство и Время как-то могут быть связанными и обязательно должны быть взаимозависимыми между собой.

Пространство имеет своё внутреннее пространство S, внутреннее время t и свой тип материи M_s, E_s (материя и материальная энергия); Время имеет своё внутреннее время Т, внутреннее пространство s и свой тип материи M_T, E_T (энергетическую материю и энергию). Полученные новые четыре модели бо́льшего уровня, возможно, разделяются на пары (ЕСН) и будут работать попарно, пространство со временем и время с пространством. Они обязательно образуют два полюса источника (Пространство и Время), дающих M_s, E_s и M_T, E_T. В противном случае, ни о какой динамике не может быть и речи, потому что не будет её источника. Конечно, это пока только предположение о такой сложной пространственно-временной модели, но она имеет полное право на существование.

Ранее нам удалось исследовать формирование планетарной системы пространства моделью ЭСН рисунка 18. Тогда мы смоделировали формирование планетарных тел пространственным квантом Материи. Позднее, нами было предположено возникновение модели ЭСН Времени, которая имеет начальную фазу состояния, относительно пространственной модели, равную 90^0. Теперь нам следовало бы рассмотреть взаимодействие пары таких взаимно-перпендикулярных моделей двух ЭСН.

Давайте предположим некоторую динамику между ЭСН. Если, например, ЭСН Пространства расширяется и эволюционирует, то какая-то другая модель ЭСН должна свёртываться и инволюционировать, отдавая свои частицы. А то, откуда первая ЭСН их возьмёт? Если мы говорим о параллельном развёртывании сразу же всех секторов центрального кванта ЭСН Пространства, то имеет смысл утверждать о таком же параллельном свёртывании сразу же всех секторов центрального кванта другой модели ЭСН: первая – формируется, вторая – расформировывается.

Здесь необходимо ввести уточнение. Мы уже ранее определились, что существует ЕСН, которая состоит из пар ЭСН. ЕСН точно так же эволюционирует. Это значит, что эволюционируют сразу же обе ЭСН, входящие в состав ЕСН. Выходит, что должна существовать ещё одна ЕСН, которая, инволюционируя, отдаёт свою энергию и частицы эволюционирующей модели ЕСН. Мы получаем попарное развёртывание-свёртывание.

Такая динамика представляется для нас сложной, и мы упростим задачу, используя только две ЭСН, одна их которых формируется, а вторая – расформировывается. Давайте исследуем пока процесс взаимодействия только в одной группе: развёртывание модели ЭСН Пространства первой ЕСН и свёртывание модели ЭСН Времени во второй ЕСН.

Рассмотрим это пока только по одной модели положительного Пространства +S и положительного Времени +Т и попытаемся вычислить возможное динамическое взаимодействие между ними.

Что позволяет Солнцу светить?

Исследуя взаимодействие между моделями ЭСН Пространства и Времени, мы хотим отыскать то нечто, что позволяет, например, Солнцу излучать свет, формируя через него свою пространственную планетарную систему. Только мы пока никак не можем понять, откуда же берётся его свет? Ведь что-то, какая-то подобная модель ЭСН Времени должна инволюционировать, чтобы передать свою энергию и частицы эволюционирующей модели ЭСН Пространства? Возможен ли такой круговорот между эволюционирующей и инволюционирующей планетарными формами и системами?

Итак, мы получаем две модели ЭСН рисунка 18, расположенных взаимно-перпендикулярно друг к другу и соединяющихся между собой в точке центра масс системы, одна из которых эволюционирует, другая – инволюционирует (рисунок 33). Полное вращение каждой модели ЭСН проходит за 360^0, полный цикл вращения двух таких моделей в ЕСН составит 720^0, если не 1440^0, потому что каждая ЕСН уже имеет в себе 720^0.

Если ввести понятие начальных точек формирования ЭСН в Пространстве 0_S и энергии во Времени 0_T, то у нас их оказывается две (рисунок 33а). Причём, начальные точки 0_S будут соединены друг с другом, а точки 0_S и 0_T будут разнесены между собой на величину фазы 360^0.

Опишем эти две модели: на рисунке 33а изображены два малых кванта направленных встречно друг другу. Если мы рассмотрим работу этих квантов от начальных точек 0_S и пойдём от них параллельно, то мы получим эволюцию двух планетарных систем пространства и времени ($0_S – 360^0$) Пространства +S. Если же рассмотрим этот же квант во Времени +Т, то это будет уже инволюция двух внутренних

Часть 3 Моделирование сложных планетарных систем

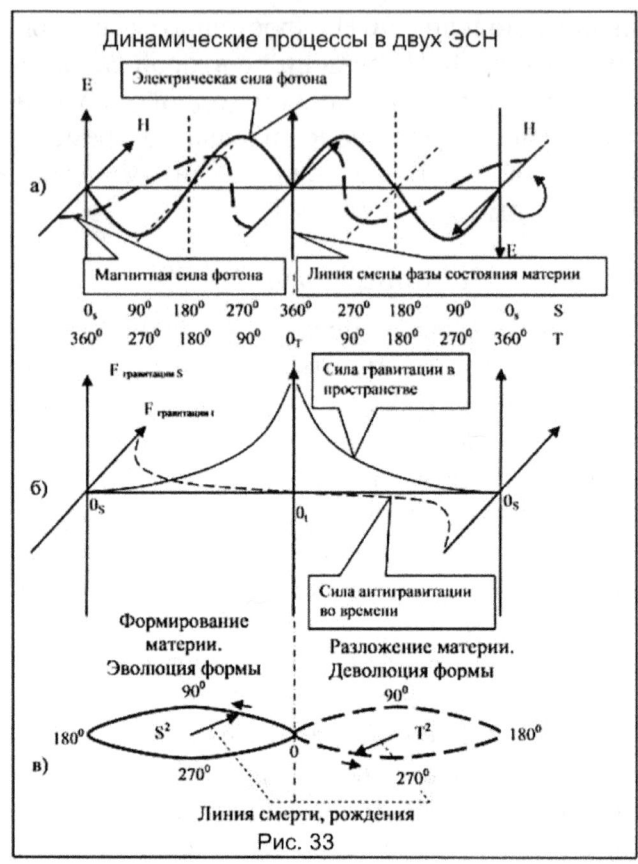

Рис. 33

планетарных систем времени и пространства Времени +T ($360^0 - 0_T$). Если же для рассмотрения мы возьмём в пространстве +S параллельную работу двух квантов пространства от начальной точки 0_S до точки 360^0 и второго кванта в том же пространстве +S только с начальной точки 360^0 (0_T) то получим систему Времени от 360^0 к 0_S. Если же сделаем, то же самое со Временем +T, то получим эволюционирующую систему Времени ($0_T - 360^0$) и систему пространства ($360^0 - 0_T$).

Вторая часть рисунка 33б показывает предположительное действие сил гравитации и антигравитации в модели ЕСН и это понятие для нас пока новое. Мы ещё не связывали кванты ЭСН с этими силами, но из рисунка уже можно предположить, что: первое, рост силы гравитации происходит при формировании системы пространства, а её расформирование – при падении силы; рост силы антигравитации происходит при эволюции системы времени, а её падение – при её инволюции.

Третья часть рисунка 33в показывает нам процесс взаимодействия двух систем пространства и времени, их круговорот сил и типе частиц внутри них. Это схематическое отражение синхронного взаимодействия между эволюционирующей системой пространства (эволюция формы) и инволюционирующей системой времени (инволюция формы).

Теперь мы можем обратиться к нашей солнечной системе. Мы уже можем утверждать, что наше Солнце имеет в себе начальную точку 0_T, через которую переходит сворачивающаяся инволюционирующая система Времени $+T$. Это позволяет Солнцу светить, превращая её частицы и силы в свою материю и материальную энергию пространства, создавая уже пространственную систему $+S$. Когда инволюция системы Времени закончится, то перетекание энергий и частиц из неё прекратится и наше Солнце должно будет погаснуть, а пространственная система или достигнет своей ограниченной бесконечности, или опрокинется в плоскость Времени, что приведёт её к началу инволюции, разложению и смерти. Это позволит уже новой пространственной системе начать свою эволюцию заново. Теперь уже эта опрокинутая система станет источником энергии и частиц для вновь рождающейся.

Давайте попробуем соединить взаимодействие моделей ЭСН пространства и времени с нашими понятиями жизни и смерти. Мы, как бы, располагаемся в пространственной плоскости $+S$ на материальной планете Земля, т.е. в модели ЭСН, но только не Пространства. Наша пространственная планета является центром системы ЭСН Времени, но никак не ЭСН Пространства.

Геоцентрическая и гелиоцентрическая системы, вместе, составляют одну ЕСН, которая эволюционирует. Их эволюцию мы назовём жизнью солнечной системы. Во время неё осуществляется переход частиц второй инволюционирующей ЕСН в эту эволюционирующую ЕСН. Такой переход между ними мы называем «жизнью». Обратный переход между этими ЕСН мы называем «жизнью после смерти». Сами переходы между ЕСН, например, в состояние эволюции мы называем «рождением», а обратный переход в инволюцию – «смертью».

Если нам предстоит снова родиться, то мы снова переходим в эволюционирующую ЕСН, например, Пространства. Жизнь в ЕСН Времени можно назвать аналогично – жизнью после рождения. Рождение и смерть – это изменение состояние материи планетарной системы, смена плоскостей или «сфер» Пространства на Время и наоборот.

Если стабилизировать это вращение между двух ЕСН, то жизнь, возможно, станет той и этой одновременно. Тогда мы перестанем рождаться и, естественно, умирать. У нейтрино, вроде бы вечной частицы, существует процесс её динамики, когда она в небольших пределах, то сжимается, то расширяется. Она, возможно, живёт вечно и не достигает конечного значения опрокидывания в другую плоскость.

Мы наметили рубежи во взаимодействии двух ЕСН, и нам осталось только исследовать их более подробно. С этой целью, для упрощения задачи, нам необходимо начать с того, что солнечная система уже проходит свою эволюцию и имеет некоторую продолжительность «жизни» системы. Нам необходимо будет смоделировать процесс её перехода в другую плоскость из Пространства во Время, т.е. переход в процесс «смерти» системы и далее уже понять её «жизнь после смерти». Возможно, тогда нам удастся увидеть, откуда возникает материя и энергия для эволюции новой системы.

Как умирает планетарная система?

Итак, попытаемся на примере пространственного малого круга рисунка 18 смоделировать процесс перехода материи внутреннего пространства в вертикальную плоскость внутреннего времени пространственной модели ЭСН, в следующий её сектор. Представим себе будущую «смерть» пространственной планеты.

В конце цикла эволюции в модели ЭСН, смоделированной нами планетарной системы +S, мы уже будем иметь, например, пространственно-материальную планету, вращающуюся по орбите вокруг удалённого центра. Её «Солнце» в конце эволюции, предположительно, погаснет, т.к. вся его энергия из времени перейдёт в пространственную материю сформированной планетарной системы, но центр системы не будет «пустым». Полная модель планетарной системы ЭСН в пространственной плоскости, в которой находится планета, будет состоять из четырёх планет (мы имеем ввиду упрощённый вариант нашей системы подобной атому водорода): три из которых, возможно, будут находиться в пространственном центре системы и составят её ядро, а четвёртая пространственная планета будет вращаться вокруг него. Будем считать, что в таком виде закончит свою эволюцию данная планетарная система +S.

Далее, эволюция системы подошла к границе между жизнью и смертью (отметка 360^0 на рисунке 33а). Теперь пространственная планета, возможно, некоторое время будет вращаться в темноте Космоса, а далее наступает смерть этой планетарной системы и начинается процесс её перехода в плоскость Времени. Мы рассмотрим его пока с позиции «смерти» пространственной планеты, и попытаемся ответить на вопрос: каким образом осуществляется этот переход в новое качество материи в энергию времени? Давайте снова предположим то, как будут развиваться события при таком возможном переходе.

Итак, вдруг, наступает смерть планетарной системы, которая, по нашему предположению, пересекает границу нового сектора времени и меняет плоскость своего состояния. Как всегда, это произойдёт для нас неожиданно. Огромное пространство этой планетарной системы, попадая в плоскость времени, превращается в «точку» потому, что пространства во времени просто не существует, а времени эта система имеет только некоторое начальное значение – t_0. Что при таком раскладе произойдёт с нашей планетой?

Планета вращается, как частица, в этой планетарной системе со своей орбитальной скоростью и, вдруг, она «опрокидывается» в другую плоскость времени. Теперь вместо пространства +S, мы имеем пространство во времени +s, которое меньше по своим параметрам на величину скорости света – С. Её скорость почти мгновенно падает на величину скорости света, а это практически мгновенная остановка планеты. Она начёт резко тормозить, отдавая энергию, и должна будет полностью остановиться.

Часть 3 Моделирование сложных планетарных систем

Её полная остановка в пространстве при переходе в плоскость времени обретает противоположное состояние и её скорость во времени будет равна квадрату скорости света – C^2. Планета, остановленная с такой огромной скоростью, конечно, не выдержит и рассыпется на частицы энергии и исчезает из пространства, полностью заполняя это пространство светящейся энергией.

Это взгляд из пространства: пространственная система исчезла, но вместо неё сразу же формируется новая пространственная система. В центре пространственной системы вновь появляется точка энергетического света, которая разрастается и быстро заполняет светом всё пространство системы. Процесс формирования материальной планеты в этом пространстве, который мы описывали ранее, начнётся сначала: была планетарная система, вдруг её не стало и вместо неё, на её же месте вдруг начинает формироваться новая система. Энергетические частицы, заполнившие собой всё пространство, как бы, снова пришли из времени и процесс начинается заново.

Сейчас мы описали процесс окончания жизни не только системы, а практически любой материальной формы. Система рождается, растёт, становится взрослой и умирает, а на её месте возникает или точнее рождается новая система, и процесс замыкается в своём цикле. Возьмём, например, обычное растение. Оно вырастает из семени до взрослого состояния, размножается, давая много новых семян, и умирает. На его месте снова вырастает из его же семени новое растение и т.д. Здесь получается некий цикл жизни, причём, в нём имеет место расширение количества растительных «систем». Точно так же живут и планетарные системы, но нас больше интересует их цикл «жизни после смерти», потому что мы о нём мало что знаем. А его бы очень хотелось переложить на жизнь человека после смерти.

После смерти системы процесс эволюции начнётся сначала – родится новая пространственная система, а старая просто исчезает в её центре. Астрономы наблюдали в нашей галактике нечто подобное, когда системой была захвачена планета, которая, как бы, наткнулась на невидимое препятствие и рассыпалась на светящиеся частицы материи, которые были притянуты центром этой системы по спирали. Получилось подобное поглощение планеты системой.

А теперь рассмотрим этот же процесс смерти с позиции Времени, перенесём свою точку наблюдения в другую плоскость относительно Пространства. Энергетические частицы в плоскости Времени будут иметь противоположное состояние и будут не светящимися, а тёмными. Раз у нас существует полная планетарная система в Пространстве, то, предположим, что в плоскости Времени пока ещё никакой системы нет. Только в её центре имеется точка, образующая ядро из пространственной системы, т.к. в ней отсутствует время (есть только время t, которое начинает стремиться ко времени T), и поэтому она будет находиться в центре будущей системы времени.

Предположим, что после смерти пространственной системы её планета расформировывается и материя пространства переходит в энергию времени другой плоскости. В ней начинается процесс формирования планетарной системы во времени. Параллельно, все планеты пространственной системы переходят в систему времени, каждая, передавая свою энергию соответствующей ей будущей зеркальной планете плоскости времени.

Системы расширяются в четырёх секторах своей ЭСН Времени аналогично пространственной системе, которая сворачивается в своих четырёх секторах. Процесс формирования системы Времени будет полностью аналогичен процессу формирования пространственной системы, только их плоскости и центра формирования будут разными.

В наших предположениях образовался некоторый круговорот между плоскостями Пространства и Времени двух моделей ЭСН рисунка 18. Такой переход из Пространства во Время мы назвали смертью, а обратный переход из Времени в Пространство – рождением. Это означает то, что после своей смерти система переходит в другой круг вращения, находящийся в другой плоскости (рисунок 33в). Его плоскость (T^2) будет взаимно-перпендикулярной плоскости вращения пространственной модели (S^2).

Часть 3 Моделирование сложных планетарных систем

Представим себе, что наше первое вращение пространственной модели ЭСН проходило в горизонтальной плоскости (S^2), а после завершения полного круга вращения точка эволюции перешла в вертикальную плоскость Времени (T^2). Она так же совершает здесь полный оборот по кругу Времени такой же модели ЭСН.

Здесь возникает новый вопрос: почему, в горизонтальном круге вращения, как только формирование планеты достигает отметки в 360^0 рисунка 33а, то наступает её смерть? Тогда, вроде бы, планета пространственной системы должна бы жить вечно, т.к. инерция в Космосе отсутствует, и она могла бы вращаться бесконечно долго, но она умирает.

Что заставляет эту планету умирать? Какие силы или причины способствуют этому?

Свёртывание пространственной системы

Давайте смоделируем процесс свёртывания пространственной системы, который хорошо виден на рисунке 33а. На этом рисунке нарисован полный цикл вращения пространственной системы в двух малых зеркальных квантах в двух плоскостях или, если идти в противоположном направлении, системы времени в двух плоскостях.

Здесь представлены: малый квант ($0^0 - 360^0$) при формировании пространственной системы и малый квант системы времени ($360^0 - 0^0$), в который переходит его энергия при расформировании планеты после её смерти. На второй половине графика рисунка 33а, после отметки 360^0, мы видим зеркальное отображение малого кванта, сформировавшего материальное тело, если смотреть на него из пространства, т.е. слева, использующего плоскость пространства. Получается, что далее планетарное тело будет сворачиваться зеркально формированию и двигаться по фазе от 360^0 в центре графика к нулевому пространству правой отметки фазы в 0^0.

Мы предположили, что плоскость Времени взаимно-перпендикулярна плоскости Пространства. Это означает, что координатные оси рисунка 33а будут смещены при формировании системы времени относительно плоскости Пространства на 90^0, если идти справа налево по той же оси этого рисунка. Что это нам даёт?

В точке 360^0 мы получаем начальную фазу малого кванта времени точно такую же, как при формировании пространственной планеты, не забывайте, что во времени свойства магнитных и электрических сил также зеркально меняются местами. Мы получаем в плоскости Времени точно такой же малый квант, который формирует планетарную систему времени, зеркальную Пространству, точно таким же образом, как мы описывали ранее. Если мы идём по рисунку справа налево, то получаем эволюционирующую систему времени и если идём слева направо от отметки 360^0, то получаем расформировывающую пространственную систему. И то, и это одновременно: одно расформировывается, а другое формируется (!).

На рисунке 33а получается продолжительность полного цикла вращения кванта в Пространстве и Времени протяжённостью в 720^0. Образуются последовательно два малых круга вращения по 360^0 каждый, причём, один из них имеет положительное вращение и формирует Пространство, сворачивая Время, другой – отрицательное вращение и формирует систему Времени, сворачивая систему Пространства. Они вращаются зеркально, а значит, Пространство и Время там, возможно, имеют одинаковые знаки состояния, но разные плоскости вращения.

Конкретнее можно сказать так: функции действия малых квантов при развёртывании и свёртывании планетарных систем в разных плоскостях будут тождественными. Если мысленно продолжить этот рисунок далее, то получится следующая цепочка эволюции, как новое продолжение – новая цепочка. Таким образом, подобные «звенья» цепи эволюции можно нанизывать до определённого момента, который мы назвали стабилизацией системы, ведущую к вечной жизни.

Точки 0^0 и 360^0 вроде бы тождественные между собой: мы замкнули Пространство пространственной системы 360^0 со Временем системы времени 0^0. 360^0 – это вроде бы тот же нуль, но это не совсем так. Получается, что круги

Часть 3 Моделирование сложных планетарных систем

начинают вращаться с нуля и приходят к нему же только через 720^0, и в этой точке осуществляется передача вращения, для того, чтобы получить новый эволюционный цикл (рисунок 33в).

Наши круги получаются замкнутыми. В цикле образования планетарного уровня их – два: один, материальный в горизонтальном Пространстве; другой, энергетический в вертикальной плоскости Времени (мы взяли для анализа именно эти круги). Они пока разделены между собой и соединены только в одной точке 360^0. Взгляните на рисунок 33а, на эту отметку 360^0, здесь положительная сила магнитного поля пространства резко меняет свой знак на противоположный и становиться отрицательной в Пространстве. Сначала эта магнитная сила раскрутила «нашу» планету до орбитальной скорости этого планетарного уровня, на орбите, удалённой от «Солнца», а затем с такой же силой резко остановила её.

Рассматривая атом, мы рассматриваем электрон, как частицу энергии, двигающуюся почти со скоростью света по своей орбите. В нашем случае, мы имеем планету, как частицу энергии данной планетарной системы, также двигающуюся с орбитальной скоростью для своего планетарного уровня. Мы рассматриваем это так: всё что движется – это частицы энергии или света, а статика – это частицы материи. В нашем случае, на примере солнечной системе, пространственная планета Земля будет материальной, но она оказалась частицей энергии системы Времени, её ядром, имеющее противоположное значение. Оно и должно быть материальным в системе Времени. Все остальные её планеты будут энергетическими и будут вращаться в плоскости Времени. Всё опять получается относительным.

Давайте опишем этот процесс более подробно, но вернёмся к пространственной системе. Её пространственная планета формировалась вместе со своим пространством в процессе своей эволюции. Затем наступила смерть системы, и она умерла вместе со своим пространством. Смерть, например, пространственной системы наступает в том случае, когда её инволюционирующая противоположность исчезает во Времени, когда заканчивается передача энергии и материи из Времени для формирования пространственной планетарной системы. Источник жизни во Времени тогда иссякает и система умирает.

Смерть происходит только в том случае, когда эволюционирующая система не смогла достигнуть границы истинной бесконечности своего планетарного уровня. Если бы она достигла этой истинной бесконечности, то в этом случае возникает процесс бесконечной жизни и стабилизации системы. Она, как бы, квантуется по величине скорости света и только в этом случае будет возможен её переход на более высокий планетарный уровень, о чём мы говорили ранее. Такой переход невозможен будет без «вечной» жизни планеты. Кому нужен атом, который не будет вечно стабильным?

Мы ранее предположили, что эволюционирующая пространственная система не сумела достичь своей истинной границы бесконечности, потому что энергия Времени инволюционирующей системы просто раньше иссякла. В этом случае эта система умирает и происходит её опрокидывание в другую плоскость из Пространства во Время. Здесь она уже расформировывается, отдавая свою энергию и материю вновь создаваемой пространственной системе.

Здесь возникает новая относительность: в Пространстве отсутствует Время и поэтому всё, что проходит во Времени для нас, пространственных существ, проходит почти мгновенно, хотя по протяжённости процесс формирования системы во Времени будет полностью аналогичен процессу в Пространстве. Мгновенное пропадание пространственной системы после её смерти и такое же мгновенное её новое рождение, которое мы предположили, на самом деле по протяжённости имеет те же параметры протяжённости по фазе от 360^0 до 0, но так как он проходит во Времени, то для нас он не существует: его для нас просто нет. Это уже будет другая плоскость, а мы можем видеть только малую проекцию того, что там происходит.

Давайте предположим такой процесс и опишем его во всей его протяжённости. Мы как-то невольно переходим от метров Пространства и секунд Времени к угловым единицам

– градусам, которые точнее описывают нам протяжённость процессов как в Пространстве, так и во Времени.

Итак, пространство системы, достигшее определённых параметров, должно перейти в другую плоскость, но все переходы из плоскости в плоскость осуществляются через нулевые или бесконечные значения. Наша пространственная система, если она не достигла своих бесконечных параметров, должна сворачиваться через нулевое значение времени. Это значит, что она меняет знак пространства на противоположный и устремляется к центру Пространства, к его нулевой отметке. Пространственная система начинает сворачиваться, меняя свой плоскостной знак. Мы этого пространства уже видеть не сможем, т.к. оно в нашей системе с положительным знаком пространства оказывается в центре Пространства. Поэтому наша планета, как бы, по спирали исчезает со своей орбиты.

Эта сворачивающая пространственная планета будет, расформировываясь, отдавать полученную ранее энергию формируемой планете времени. Они будут проделывать это одновременно и синхронно: первая – отдаёт энергию, вторая – формирует планету положительного времени в плоскости Времени. Вот такое предполагаемое будущее ждёт нас после смерти нашей солнечной системы. Конечно, это только предполагаемая модель, реальность которой нам ещё придётся доказывать.

Если снова обратится к рисунку 33а и подойти к точке 360^0 с правой стороны графика, то получается, что планета системы времени рождается и растёт, эволюционируя, а планета пространства в это же время разлагаемся после своей смерти, так что всё относительно. Интересный факт мы только что обнаружили: одна планета умирает в плоскости Пространства, и она же даёт жизнь растущей планете в плоскости Времени и наоборот.

Наша горизонтальная модель ЭСН рисунка 18 – это только один из таких подобных круговоротов внутри одной плоскости. Далее нам удалось описать ещё один тип такого круговорота уже между двумя плоскостями Пространства и Времени двух подобных моделей, и сделали мы это на примере материально-пространственной планеты внутри

ЕСН. Только это ещё не всё и у нас есть ещё в плоскости Пространства внутренние планеты времени, о которых мы ещё не говорили ничего. Также в плоскости Времени существуют планеты его внутреннего пространства. Они нам пока ничего о себе не рассказывают, а ведь между ними также осуществляются такие круговороты.

А может быть, мы ошиблись и зря соединили две модели ЭСН в двух плоскостях одной ЕСН? Проверим наши предположения позднее. Мы это обязательно исследуем и не будем останавливаться на достигнутом рубеже в истине Структуры. Мы попытаемся проникнуть в неё дальше и глубже.

«Чёрная дыра» смерти

Нам осталось выяснить только вопрос о «жизни после смерти» смоделированной материально-пространственной системы. Прежде, чем начать описание распада материальной формы, мы снова вернёмся к пограничному состоянию между Пространством и Временем. Это нам важно для описания «послесмертного» периода.

Итог окончания жизни системы будет таким: пространство системы достигнет своих максимальных параметров, а время будет быстро стремиться к нулю, но это не его внутреннее время, а время – другой системы, которая инволюционирует. Все процессы перед «смертью» системы значительно ускоряются довольно стремительными темпами, ведь время инволюционирующей системы убыстряется. Такая тенденция уже проявляет себя в нашем мире, время которого уже значительно ускорилось.

Разберём исходное состояние в момент «смерти» планетарной системы:
- Пространство эволюционирующей системы максимальное и подходит к некоторому параметру «бесконечности», но не достигает её;
- Время инволюционирующей системы стремиться к нулю, но ещё не достигает его.

Теперь опишем начальный процесс перехода через точку «смерти»:

- Пространство максимально, но, переходя границу между плоскостями пространства и времени, начинает сворачиваться, как бы, отражаясь от края самого себя и меняя свой знак;
- Время, переходя через нуль, обретает положительное приращение, и начинает расширяться в вертикальной плоскости, также меняя свой знак.

Что у нас получилось? Пространство, как бы, переходя границу максимума, начинает сворачиваться и устремляется к нулю. Появляется некоторое подобие отражённой волны от границы с максимальными параметрами системы. Время новой системы становится эволюционирующим и начинает расти к своей бесконечности, как пространство в материальном цикле. Оно теперь занимает его «место».

Надо отметить то, что изъятие энергии из инволюционирующего тела проходит уже в отрицательном пространстве или времени, и она передаётся в плоскость эволюционирующего положительного времени или пространства соответственно. Отдаётся телом материя – сворачивается отрицательное пространство в модели ЭСН Пространства. Оно будет становиться телом энергии, формируя планетарное тело времени в модели ЭСН Времени. Отдаётся телом энергия – сворачивается отрицательное время в инволюционирующей модели ЭСН Времени. Оно будет становится телом материи, формируя тело пространства в модели ЭСН Пространства.

Получается, что умирающая система зеркально, образуя новую систему, как бы, обращаясь на границе плоскостей и меняя все свои свойства на противоположные. Она не умирает, а переходит в систему Времени, как бы, рождаясь во нём заново: в Пространстве она умерла, а во Времени родилась.

Большой круг модели ЭСН рисунка 18 после рождения начинает расширяться. Вместе с ним, тождественно ему, расширяются все четыре малых круга. Они все имеют положительные приращения пространства и времени в этой модели, несмотря на их знаки состояния. Когда это расширение достигнет своего максимума, все четыре системы будут иметь свои максимальные параметры пространства и времени.

После смерти системы большой круг в ЭСН начинает сворачиваться и сжиматься. Знаки приращения пространства и времени становятся отрицательными. Энергии, освобождаемые при свёртывании системы, передаются в рождающуюся систему Времени, только знаки энергии пространства и времени будут разные и направлены встречно. «Вертикальная» система Времени, получая энергии из «горизонтальной» системы Пространства, разворачивает теперь свои время и пространство, и т.д.

Такой круговорот энергий между плоскостями обозначен на рисунке 33в. Конечно, это только предположение об указанных здесь круговоротах, т.к. они могут иметь любые направления вращений, смотря относительно какой плоскости их рассматривать. Относительно пространства мы получили дополнительно ещё, как бы, две независимые модели с четырьмя малыми кругами, расположенных относительно друг друга взаимно-перпендикулярно в двух плоскостях. Две возникшие взаимосвязанные модели ЭСН соединили плоскости Пространства и Времени между собой. Они образовали две модели:
- Пространственно-временную модель ЭСН+S;
- Временно-пространственную модель ЭСН+Т.

Давайте рассмотрим, каким образом «умершая» пространственная планета развоплощается в энергетическую планету. Для этого снова обратимся к рисунку 33а, к зеркальному правому кванту с параметрами $360^0 - 0^0$. Начало его действия – это положительное магнитное поле, которое направлено в противоположную вращению планеты сторону. Кратко, опишем процесс изъятия энергии из планетарной материи. Давайте здесь остановимся и более подробно проведём анализ этой системы.

Итак, материальная планета стала тормозиться зеркальным магнитным полем, а это означает то, что на орбите она стала, как частица, терять свою материю. Как трудно описать эти процессы и в одной и другой плоскостях одновременно, но нам ничего другого не остаётся. Что будет

Часть 3 Моделирование сложных планетарных систем

с планетой, если на неё будет воздействовать зеркальная магнитная сила, да ещё с её максимумом сразу?

Она, возможно, просто разобьётся вдребезги, как бы, ударившись о стену, несущуюся ей на встречу с огромной скоростью. После такого «удара» вся система будет заполнена материальными частицами, которые заполнят собой всю область отрицательного пространства. Они должны остановиться, но в них ещё будет находиться второй период магнитной силы. Частицы, остановившись, пока ещё будут вращаться вокруг своей оси, до тех пор, пока второй период магнитной силы их не остановит, ибо её изъятия пока ещё не произошло.

В плоскости Времени эти частицы станут энергией и постепенно начнут зеркальной электрической силой притягиваться к центру системы, начиная формировать планету во времени. Начнётся точно такой же процесс формирования планеты, который мы описывали ранее в пространстве. Проанализируем сложившуюся ситуацию.

Ранее, мы описали формирование планеты в пространстве из малого кванта ЭСН, а теперь мы формируем планету в «вертикальной» плоскости Времени и все наши процессы проходят точно так же. Хочется только сказать о том, что мы, находясь в плоскости Пространства, можем видеть этот процесс зеркально, но только со «своей позиции» планеты Земля. Теперь нам нужно попытаться найти аналогию в нашей видимой вселенной и утвердиться или не утвердиться в своих предположениях.

Как формируется планета во времени нам, более-менее, представляется, это аналогично формированию пространственной планеты. Теперь смоделируем процесс во времени так, как мы сможем его увидеть своими глазами в нашем пространстве. Итак, была планета, и вдруг она исчезла, и образовалось тёмное пространство, т.к. частицы Времени в нашем пространстве, так и остались материальными, но пространство уже имеет отрицательное приращение. Это значит то, что наша планета или аналогичная ей должна исчезнуть, освободив положительное пространство для новой планеты.

Есть ли аналогия в нашей вселенной? У нас получается, что всё сворачиваемое пространство, как бы, начинает стягиваться в центр системы. Вначале это пространство было величиной с планетарную систему и постепенно оно будет сворачиваться до точки, которая будет поглощать все частицы пространства. Во вселенной это аналогично понятию «чёрной дыры». Создаётся впечатление, что она будет стягивать пространство в «чёрную дыру», которая образуется в центре системы, поглощая всю систему. Там будут пропадать все её частицы. Отсюда не сможет выскочить ни один лучик света, и ни что не может избежать этого поглощения. Эта «чёрная дыра» не что иное, как место передачи пространственной материи в вертикальную плоскость Времени – это нулевая точка времени. Мы все проходим через такую точку, умирая.

В итоге, планетарное пространственное тело распалось на частицы полностью и тут виден довольно интересный парадокс: если теперь начать описание кванта с правого нуля рисунок 33а и далее двигаться к середине в 360^0, то нам удастся сформировать энергетическую планету времени в «вертикальной» плоскости Времени, вращающуюся вокруг своей оси и его удалённого центра. Если двигаться в том же кванте от середины 360^0 к правому нулю, то мы опишем расформирование планеты пространства. Получается, что время движется одновременно вперёд и назад.

Не в этом-то заключается парадокс вселенной?

Глава II. Модель ЭСН пространственно-временного взаимодействия

Всё глубже и глубже при исследовании моделей ЭСН и ЕСН мы погружаемся в структуру строения нашей солнечной системы, которую уже даже солнечной-то назвать тяжело. Мы, предположительно, получили в исследовании её планетарной структуры две взаимно-перпендикулярные модели ЭСН, которые соответствуют положительным Пространству и Времени. Только соединить их между собой своим разумом мы пока ещё до конца не смогли, хотя по своей природе они уже и так единены. Это наш разум их разъединяет.

Эти две модели ЭСН имеют соответственно свои собственные Пространство и Время, но, в тоже время, они сами находятся в составе некоего бо́льшего Единого Пространства (Единого Времени), намного бо́льшего, чем они сами. Это Единое Пространство (Единое Время) имеет в своём составе меньшие Пространство и Время, которые являются, как бы, индивидуальными и частными для этих моделей, их малыми кругами.

Соединение двух моделей в единое целое представляет для нас большую сложность, потому что возникает слишком много разных по своему качеству планетарных систем, которые все надо соединить в единую структуру и понять то, каким образом они взаимодействуют между собой. Для того чтобы хоть как-то осуществить это, давайте подведём предварительные итоги моделирования систем ЭСН, чтобы понять исходные условия их будущего единения:
- мы имеем четыре планетарные системы (+S, -S, +t, -t) в модели ЭСН Пространства (+S);
- мы имеем четыре планетарные системы (+T, -T, +s, -s) в модели ЭСН Времени (+T);
- эти модели ЭСН отличаются между собой начальной фазой состояния в 90^0;
- плоскости моделей ЭСН должны быть взаимно-перпендикулярными между собой;

Глава II. Модель ЭСН пространственно-временного взаимодействия

— центра вращения моделей ЭСН не совмещены, а должны быть разнесены на некоторое расстояние друг от друга;
— обе модели ЭСН должны иметь некоторое взаимное «проникновение» друг в друга.

Это всё, что мы имеем в условии новой задачи: «о совмещении двух моделей ЭСН между собой в единую модель ЕСН», которую нам необходимо решить. В нашей попытке моделирования единой планетарной системы нам необходимо их соединить между собой.

Итак, мы начнём своё исследование с изучения модели ЭСН Пространства, которая представляет собой параллельное и одновременное сосуществование четырёх планетарных систем (t, S, -t, -S). Для лучшей наглядности мы изменим эту последовательность и начнём её с нашего положительного пространства (S, -t, -S, t). Это поможет нам лучше понять взаимодействие внутри самой модели (рисунок 34а). Мы развернули эту модель для простоты понимания в линию, но не забывайте, что она замкнутая циклическая система.

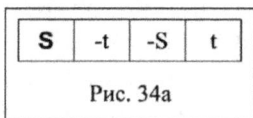

Рис. 34а

Точно такую же упрощённую модель мы представим и во Времени. Эта, зеркальная Пространству, модель Времени представляет собой точно такое же соединение планетарных систем, но которые располагаются в перпендикулярной Пространству плоскости Времени. Начальная фаза состояния в этой модели зависит от начальной фазы горизонтальной модели Пространства и отличается от неё на 90^0. Чередование её систем мы пока оставим тем же самым: s, -T, -s, T (рисунок 34б).

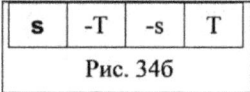

Рис. 34б

Каким образом теперь соединить эти две упрощённые матрицы ЭСН, так чтобы получить полную картину их взаимодействия? Модель Времени должна быть сдвинута относительно модели Пространства на 90^0, на один сектор. Давайте, мы их так попытаемся соединить между собой, сдвинув модель Времени относительно Пространства на один сектор, который, как раз, будет равен 90^0. Тогда мы получим матрицу рисунка 35а.

Рис. 35а

На нём пространство S и время T оказались у нас, как бы, открытыми, но наши модели циклические и их соединение можно представить в следующем виде, переставив время T в левую часть матрицы (рисунок 35б). Соединение двух матриц получилось у нас довольно интересным, даже волнообразным, но теперь нам необходимо попытаться его как-то описать.

S	-t	-S	t
T	s	-T	-s

Рис. 35б

Конечно, мы явно видим, что пространство всегда взаимодействует со временем, причём знак не имеет значения, но имеет значение их величина: бо́льшие взаимодействуют с бо́льшими, а ме́ньшие с ме́ньшими. Мы вдруг, совершенно неожиданно, получили, как бы, ещё две совершенно новые модели ЭСН, подобные нашей «горизонтальной» модели: одна из них имеет бо́льшие пространство и время (S, T, -S, -T), вторая – меньшие (-t, s, t, -s). Получается две отдельных ЭСН, которые можно назвать как «ЭСН взаимодействия Пространства и Времени». Первая из них объединяет в себе бо́льшие значения пространства и времени, вторая – объединяет в себе малые значения пространства и времени. Что это нам даёт?

Мы получили две совершенно новые модели, которые являются уже моделями ЭСН внутреннего взаимодействия планетарных систем. Теперь они позволяют соединить нам Пространство и Время как снаружи систем в их бо́льшей бесконечности (S, T, -S, -T), так и внутри систем в их малой нулевой бесконечности (-t, s, t, -s). Теперь мы имеем в этой объединённой планетарной системе:
— модель ЭСН Пространства;
— модель ЭСН Времени;
— модель ЭСН взаимодействия пространства и времени в бо́льших значениях их параметров (внешние границы);
— модель ЭСН взаимодействия времени и пространства в меньших значениях их параметров (внутренние границы).

Мы смогли получить некую бо́льшую модель (S, T, -S, -T), которая сильно взаимосвязана с меньшей моделью (-t, s, t, -s). Все вместе они образуют нечто единое целое, которое нам ещё предстоит исследовать. Они имеют ту же самую структуру, что и ЭСН, которая оказывается универсальной для любой структуры.

Итог будет таким: «ЭСН – это элементарная структура Нави, из которой складывается любая сложная структура. Она формирует любую форму и даже целые системы. Она является первичной для получения форм в Пространстве и во Времени. Элементарная частица, сформированная через ЭСН, далее заполняет собой эти более сложные структуры форм, создавая физическую или энергетическую формы.»

Малое взаимодействие

Давайте начнём наше исследование взаимодействия пространства и времени с модели ЭСН меньших значений (-t, s, t, -s). Предположим, что они представляют собой в солнечной системе Солнце и Землю и ближе к ним находятся в своих параметрах. Здесь мы видим те же четыре сектора «горизонтальной» модели, но в данном случае отношения в секторах тождественные и равные $-t = s = t = -s$ в отличие от моделей Пространства и Времени, где соответственно $S/t = C$, $T/s = C$. Все эти «малые» системы получаются равными по своим значениям пространства и времени.

Давайте отбросим пока системы с отрицательным значением пространства и времени (понимая, что они полностью тождественны положительным системам), чтобы нам было проще составить эту часть единой планетарной системы. Оставим пока в условии задачи только s и t.

Теперь давайте обратимся к нашим геоцентрической и гелиоцентрической планетарным системам, которые мы описывали ранее. Мы их должны будем посчитать в ЕСН как системы с меньшими параметрами пространства и времени. Тогда в центре геоцентрической системы будет находиться пространственная планета Земля, которая является планетой пространства (s); в центре гелиоцентрической системы – планета Солнце, которая является планетой времени (t). Эти две планеты являются отдельными системами, которые взаимодействуют между собой в равной степени.

Плоскость сектора s – это одна четвёртая часть (один период) центрального кванта ЭСН, который формирует

Часть 3 Моделирование сложных планетарных систем

планету пространства, вращающуюся по своей орбите вокруг его удалённого центра; плоскость сектора t – это точно такая же одна четвёртая часть (один период) центрального кванта, которая формирует планету времени, вращающуюся по своей орбите вокруг его удалённого центра. Вращение этих двух систем (рисунок 36) – одновременное и тождественное. Оно

проходит вокруг некоего центра масс солнечной системы. Но где находится этот центр, если Земля вращается вокруг Солнца, а Солнце – вокруг Земли. Может ли их орбита быть одной и той же?

Значения малых пространства и времени в этой ЭСН взаимодействия – равное, где s = t. Это говорит нам, возможно, о едином центре масс системы, вокруг которого они вращаются, как бы, создавая уже новую модель ЭСН, имеющую свой центральный квант, который должен их соединять вместе для подобного взаимодействия. Такого центрального кванта в Космосе, вроде бы, не существует, но, с другой стороны, без него невозможно соединение Пространства и Времени в единую структуру, ведь что-то должно их соединять. Мы получаем новый некоторый парадокс вселенной.

Между Пространством и Временем должен существовать круговорот энергий и материй как в их малых значениях, так и в больших значениях. Такой процесс можно сравнить с электромагнитными колебаниями: электрическая сила переходит в магнитную силу и наоборот. Например, мы имеем электрическую силу и магнитную силу, которые между собой взаимодействуют подобным образом, но как? Что позволяет электрической силе переходить и становится магнитной и наоборот? Возможно, мы приходим к некой новой единой электромагнитной силе осуществляющей взаимодействия, благодаря которой становится возможным такой процесс перехода между Пространством и Временем?

Давайте, представим себе, что эта сила взаимодействия вдруг исчезла. Что в этом случае произойдёт с нашими электрической и магнитной силами? В нашем мире

Глава II. Модель ЭСН пространственно-временного взаимодействия

допускается существование электрической и магнитной сил отдельно, но только в статическом состоянии. Это и есть возможное состояние системы при отсутствии силы взаимодействия – это статика: или то, или это. Здесь мы пришли к статическому режиму. Если появляется динамический режим, то тут же должна возникнуть сила взаимодействия – это уже будет динамика.

Итак, мы имеем Пространство и Время, которые могут не взаимодействовать между собой, находясь в статическом состоянии (пример свободного электрона и позитрона). Если они приближаются друг к другу на некоторое критическое расстояние, то в этом случае они начинают взаимодействовать между собой. Какая сила заставляет их переходить в динамический режим и образовывать атомные структуры, например, соединения протона с электроном? При соединении электрона и позитрона, как мы уже знаем, возникает процесс аннигиляции, благодаря которому они становятся квантами света и наоборот два кванта света, соединяясь между собой, образуют при аннигиляции электрон и позитрон.

Здесь уже можно говорить о некотором взаимодействии Пространства и Времени между собой, но на чём оно основано? Возникает предположение о возникновении в этом случае, именно, как бы, мистического, центрального кванта «света» в модели взаимодействия, объединяющего собой малые величины пространства и времени (пока речь мы ведём только о них).

Пока пространство и время существуют отдельно друг от друга, модели ЭСН взаимодействия не возникает, но стоит им соединиться друг с другом определённым образом, как тут же возникает эта модель взаимодействия, благодаря которой они соединяются в единое целое. В этом случае возникает тот мистический центр, вокруг которого они начинают вращаться, создавая свои орбиты с планетами пространства и времени. Значение орбиты, предположительно, у нас получается равным и единым для всех этих четырёх малых планет (имеем в виду ещё и отрицательные значения пространства и времени). Центральный квант малой модели

ЭСН взаимодействия получается единым для всех систем малых значений пространства и времени (-t, s, t, -s).

Мы пришли к пониманию некоего единого центра масс планетарных систем, соединяющего пространство и время этих систем в единую модель ЭСН взаимодействия. Давайте обратимся к рисунку 36, который поможет нам это лучше понять, и, может быть, даже найти этот центр системы.

Здесь мы видим, что, предположительно, Солнце и Земля вращаются по одной и той же орбите вокруг некоего удалённого центра. Они, как бы, противостоят друг другу, и фаза их начального состояния отличается на 180^0 (описывалось ранее). Трудно понять нашим разумом, говорившего нам долгое время сначала о том, что всё вращается вокруг Земли (геоцентрическая система Птолемея), а затем перешедшего к утверждению, что всё вращается вокруг Солнца (гелиоцентрическая система Коперника), но и то, и это не совсем так. Всё вращается в нашей модели ЭСН взаимодействия вокруг некоего единого удалённого центра масс для всех этих планетарных систем пространства и времени и, возможно, по единой орбите.

Давайте исследуем этот единый центр масс, который соединяет пространство и время, вокруг которого вращаются эти малые планетарные системы. Этот центр масс должен быть двойным, имеющим в своём составе собственно центры пространства и времени.

Ранее, мы определили, что между планетарными уровнями существует определённое отношение равное величине скорости света. Внутри этого единого удалённого центра масс также должны существовать свои центры пространства и времени, если мы исходим из тождественности уровней. Расстояние между этими внутренними центрами пространства и времени должно быть очень малым, скорее всего, оно в «С» раз меньше расстояния между Солнцем и Землёю.

Давайте проведём вычисления этого возможного расстояния: если расстояние между Солнцем и Землёю равно приблизительно $150*10^9$м, то расстояние между центрами пространства и времени уже будет в «С» раз меньше и равным всего 500м. Разве мы можем их увидеть через наши телескопы, если к тому же их размеры также меньше этих планет в «С» раз, и новые вычисления дают нам их размеры приблизительно равными нескольким сантиметрам!

Теперь, снова исходя из тождественности планетарных уровней, вычислим больший центр масс другой системы – галактики. Мы поднимемся вверх по планетарным уровням и снова берём расстояние между Солнцем и Землёю равное приблизительно $150*10^9$м, а расстояние между подобными центрами в галактике тогда должно быть в «С» раз больше. Мы получаем величину $4,5*10^{19}$м. Переведём эту величину в парсеки – 1500. Расстояние между центром галактики и нашей солнечной системы сегодняшняя наука определяет равным 8000 парсек. Если предположить, что солнечная система является вторым центром галактики, то мы получили ошибку более чем в 5 раз. Но она не такая серьёзная для космических масштабов. Тем более, что размерность мы получаем одну и ту же! Почему могла возникнуть эта ошибка? Или мы неверно поняли смысл мироздания, или наша солнечная система не является вторым центром галактики?

Галактика – это планетарная система, которая ещё находится в стадии формирования, а если взять её цикл планетарного формирования в эволюции, то это будет дископодобная система с газообразной структурой материи. В нашем случае – это цикл расширения пространственно-временных параметров структур Галактики, это цикл растений (4). Наша солнечная система находится в другой стадии формирования, когда её материя уже уплотняется, но расширение параметров всё ещё продолжается. Может быть, эта незаконченность формирования галактики и сказалось на точности результата вычисления?

Здесь мы можем пойти по пути Птолемея и громогласно заявить, что очень возможно, что наша галактика точно так же вращается вокруг нашей солнечной системы (если только она является одним из её центров), как и наша солнечная система вращается вокруг галактики по одной и той же орбите! Это предположение может быть верно, только в том случае, если наша солнечная система является её вторым малым центром системы. Тогда в центре галактики должна находиться геоцентрическая система с бо́льшей планетой «Земля», которая так же в этом случае должна являться её первым малым центром.

Только как нам в это поверить нашим трёхмерным разумом!

Большое взаимодействие

Оставим нашу галактику в покое и снова вернёмся к солнечной системе. Нам удалось предположить наличие некоего центра масс внутри нашей планетарной системы и даже вычислить его, но в нашем распоряжении остались ещё бо́льшие значения систем (S, T, -S, -T). Что собою представляют эти планетарные системы, ведь они являются также частями центрального кванта ЭСН бо́льшего взаимодействия?

Эти же периоды кванта точно так же формируют планетарные тела, вращающиеся вокруг удалённого центра. Их центром масс будет, скорее всего, ядро, состоящее из малых систем (-t, s, t, -s). Каждой бо́льшой системе будет соответствовать свой участок такого центра масс. Можем ли мы составить подобную модель своим умом, ведь мы уже начинаем теряться от такого изобилия планетарных систем и их центров, которых в нашей единой модели становится все больше и больше? По всем нашим предположениям эти бо́льшие планетарные системы имеют место в модели ЭСН бо́льшего взаимодействия, но только какое и где?

Каждая бо́льшая система должна формировать вращающееся по удалённой орбите планетарное тело (S, T, -S, -T), создавая свои бо́льшие пространство и время. Давайте и здесь пока отбросим отрицательные системы, чтобы немного упростить наши исследования. У нас появилось пока две, уже известные нам, малые системы с планетами Солнцем и Землёю, а что за планеты будут формировать их бо́льшие системы?

Здесь возникает интересное предположение, что если эти две малые системы будут ядром или центром для бо́льших систем, то они должны быть меньше их в С раз. Значит, бо́льшие системы сформируют планеты с размерами в С раз бо́льшими, чем Земля или Солнце. Их орбита так же будет

Глава II. Модель ЭСН пространственно-временного взаимодействия

тогда удалена от центра в С раз дальше. Исходя из этого взаимодействия бо́льших пространства и времени, мы получим следующее:
- пространственная планета Земля станет удалённым центром бо́льшего пространства, внутри которого будет вращаться по своей орбите бо́льшая планета «Земля»;
- планета времени Солнце станет удалённым центром бо́льшего времени, вокруг которого будет вращаться по своей орбите бо́льшая планета «Солнце».

Возникает совершенно непредсказуемая ситуация: мы получили две бо́льшие планеты, которые должны вращаться вокруг единого центра масс, образованного Землёй и нашим Солнцем, по своим удалённым от них орбитам. Разве мы их уже открыли? Но нашей науке ничего о них неизвестно! Здесь мы можем сказать только одно, что они поменяют плоскости своего состояния.

Наше исследование соединения моделей ЭСН проводится вне Пространства и Времени, поэтому мы можем иметь картинку не совсем понятную нам. Для того, чтобы получить то, что мы можем увидеть своими глазами, нам её надо сделать полностью пространственной. Только в этом случае мы можем сравнить её с известными нашей науке данными.

Сразу же мы отбрасываем всё Время, которого в нашем Пространстве для нас не существует. В этом случае остаётся только малая геоцентрическая система Птолемея с пространственной Землёй – s, которую мы почти не видим, и бо́льшая пространственная система – S, которая больше геоцентрической системы s на величину С (параметры солнечной системы на её границе бесконечности). Это то, что мы можем увидеть и видим в свои пространственные телескопы. Планета Земля вместе со всей солнечной системой входит в бо́льшую пространственную систему, которую мы называем галактикой. Другой бо́льшей планетарной системы в нашем небе рядом с нами нет.

Мы снова сразу же впадаем в новый парадокс: мы рассматриваем нашу солнечную систему, как упрощённую систему с одним «электроном», с одной планетой. Теперь мы пытаемся подключить галактику, которую видим, но которая соответствует более сложной структуре. А нам бы желательно было увидеть её как «атом водорода», что сделать очень сложно, потому что она ещё «им» не стала.

Давайте, вычислим размеры этой будущей бо́льшей планеты «Земля» галактики: если радиус нашей планеты Земля приблизительно равен $6,3*10^6$м, то теперь умножив его на величину скорости света, мы получим радиус бо́льшей планеты «Земля». Он тогда будет равен: $18,9*10^{14}$м. Её диаметр будет приблизительно равным 0,13 парсек. Только наша солнечная система – плоская и пока совершенно не похожа на объёмную планету, т.е. она так же, возможно, находится ещё в стадии формирования.

Снова нам вселенская эволюция не даёт возможности до конца понять этот сложный процесс взаимодействия уровней-миров, которая скрывает от нас тождественность планетарных уровней. Нам приходиться её движение учитывать во всех наших расчётах, что сделать очень сложно. Мы, как бы, зажаты в своих знаниях сверху эволюционирующим уровнем галактики, снизу – возможно, готовым атомным уровнем. Уровень солнечной системы пока находится в стадии формирования, но этот цикл эволюции на порядок более поздний, чем цикл галактики. Поэтому, только очень приблизительное вычисление с учётом циклов эволюции позволит нам правильно оценить все наши предположения.

Сейчас, мы подошли к бо́льшим планетам «Земля» и «Солнце» следующего галактического планетарного уровня и даже приблизительно вычислили их размеры. Возможно ли существование этих планетарных систем или это только наши предположения?

То, что мы сейчас пытались описать, как две модели ЭСН взаимодействия, это не что иное, как всё тот же квант света, только мы привыкли представлять его последовательным двухплоскостным с одинаковыми периодами следования. Наш квант получается объёмным, сферическим, причём расширение его идёт со скоростью света в геометрической прогрессии. Такой квант для нашего мышления сложен в понимании, потому что, скорее всего, он к тому же ещё и сверхобъёмный. Наши ЭСН, вроде бы, уже сложились в сложную структуру некоей конструкции, где их уже находится в ней не менее четырёх, т.е. мы получаем конструкцию структуры, как минимум, четвёртого измерения.

Мы себе представляете квант света плоскостного вида? Тот квант, который формирует планетарные системы и попадает в поле зрения нашего исследования, оказывается квантом, как минимум, четвёртого измерения. Он уже будет соответствовать сверхобъёмной структуре. И это не предел представления ЭСН. Мы приходим к модели мироздания, которая полностью будет основана на ней, как основном связующем элементе.

Можно отметить ещё одну особенность кванта: он развёртывается не последовательно, каким мы представляем его в нашем пространстве, а параллельно и сферически. Мы получаем те же стоячие и бегущие волны пространства и времени, которые исходят из центра масс некоей «сферы», распространяясь круговыми сферическими волнами, чередующие в себе магнитную и электрическую составляющие. Квант оказывается структурированным и имеющим множество измерений. Эти предположения позволяют нам произвести моделирование мироздания с ещё большей глубиной.

Давайте сначала попытаемся понять, как формируется сложная планетарная система плоскостного типа и попытаемся вычислить её границы, чтобы сопоставить затем полученные результаты. Для этого нам необходимо перейти к новому этапу нашего исследования.

Глава III. Моделирование сложных планетарных систем

До сих пор мы занимались упрощёнными по своему строению планетарными системами, которые по своей структуре подобны атому водорода. Эту задачу по моделированию простейших планетарных систем мы уже как-то решили и настало время перейти к моделированию более сложных систем, которые складываются из этих простейших систем. Нам далее необходимо будет понять принципы их структурирования в единую систему: каким образом и по какому закону они структурно формируются и чем? По своему значению это означает, что мы должны от моделирования атома водорода перейти ко всем остальным периодическим элементам Таблицы Д.И. Менделеева.

Мы уже подошли к такому моменту моделирования, когда уже можем попытаться структурно создать планетарный элемент любой сложности. Это уже могут быть любые атомы и даже целые конструкции из них. Нам только необходимо найти то связующее звено, которое позволит нам смоделировать планетарный элемент любой сложности из ЭСН, но главное при всём этом – это точность моделирования, а не те физические эмпирические формулы, которые сегодня точно работают только для атома водорода.

За основу мы сначала возьмём моделирование одной сложной планетарной системы большего Пространства. Возьмём пока один её сектор положительного пространства +S и попытаемся на его основе понять возникновение и структурную расстановку пространственных планет, например, в солнечной системе, которая поможет нам отыскать это связующее звено.

Ранее, мы в пространственном секторе +S упрощённо получили пока только одну пространственную планету, как подобие Меркурия, которая вращается вокруг удалённого центра (Солнца). Давайте орбитальное расположение этой планеты в солнечной системе мы снова смоделируем при помощи пространственного сектора горизонтальной модели ЭСН Пространства +S, как мы это делали ранее. Чтобы получить большее количество планет на нескольких орбитах в пространстве этой системы, нам необходимо, как мы уже ранее предположили, взять для моделирования соответствующее им количество ЭСН и сложить их вместе.

С количеством планет в системе и соответствующему им количеству ЭСН у нас, вроде бы, никаких вопросов не возникает. Появляется другой вопрос о том, а каким же образом это множество ЭСН, каждая из которых даёт свою планету, вращающуюся по своей орбите, соединяться вместе и будут взаимодействовать друг с другом в этой единой пространственной планетарной системе? Эта задача теперь стала являться для нас основной.

Нам необходимо будет понять, каким образом и по какому закону соединяются эти орбитальные ЭСН, соединяющие планеты в системе между собой, и то, каким образом из них формируется единая планетарная система? Каким образом каждая планета в системе оказывается на своей индивидуальной орбите, предназначенной только для неё? Как формируются орбитальные расстояния планет?

Орбитальная прогрессия

Чтобы как-то контролировать правильность наших исследований, мы попытаемся произвести моделирование солнечной системы и, посредством известных о ней данных, попытаемся вычислить в ней эту «механику» орбитального соединения внутри системы. Наши данные о солнечной системе помогут нам оценить правильность и точность созданной нами модели.

Итак, в нашей солнечной системе нам известны пока только восемь планет, которые располагаются на определённых орбитах, удалённых от центра системы (Землю мы не считаем планетой солнечной системы и исключим её из неё, а планету Плутон, незаконно изгнанную, включим). Нам уже удалось ранее установить возможную закономерность удвоения расстояния орбит между ближайшими планетами: каждая последующая планета отстоит от центра системы в два

Часть 3 Моделирование сложных планетарных систем

раза дальше предыдущей планеты (таблица 4). У нас получилась геометрическая прогрессия орбитального расстояния от центра системы к её границе.

Мы вдруг обнаружили, что эта прогрессия приближённо обращается в двоичную прогрессию. Это не чисто случайное символическое совпадение, а, вполне, закономерность, к которой мы пришли. Конечно, нам придётся доказать или опровергнуть это предположение о двоичной орбитальной закономерности, но пока мы её обозначим в таблице 5.

Таблица №5

Двоичная прогрессия в орбитальных параметрах				
Номера орбит	Планета	Среднее расстояние до Солнца ($*10^9$ м). В скобках перигелий/афелий.	Приблизительное «квантование» орбит ($*10^9$ м)	Двоичная прогрессия орбит ($25*10^9$ м)
1	Меркурий	57.91 (46.00 / 69.82)	50	2^1
2	Венера	108.21 (107.48 / 108.94)	100	2^2
—	Земля	149.60 (147.09 / 152.10)	150	—
3	Марс	227.92 (206.62 / 249.23)	200	2^3
4	Фаэтон?	400 (?)	400	2^4
5	Юпитер	778.57 (740.52 / 816.62)	800	2^5
6	Сатурн	1433.53 (1352.55 / 1514.50)	1600	2^6
7	Уран	2872.46 (2741.30 / 3003.62)	3200	2^7
8	Нептун	4495.06 (4444.45 / 4545.67)	6400	2^8
9	Плутон	5869.66 (4434.99 / 7304.33)		

К нашему большому удивлению мы обнаруживаем, что действительно возникает и просматривается приближенная двоичная закономерность в параметрах орбит планет в солнечной системе. Конечно, можно утверждать, что орбиты некоторых планет чуть не вписываются в эту закономерность, хотя приближённо их значения по космическим масштабам очень близки. Можно уже сказать о реальном существовании подобной закономерности, ведь наша планетарная система всё ещё находится в стадии формирования, а эта прогрессия, возможно, – её идеальное состояние.

Конечно, говорить о двоичном формировании орбитального расстояния планет в системе пока ещё рано, но, всё-таки, совпадение получилось почти идеальным. Утверждение об удвоении орбитального расстояния может навести нас на определённые размышления и вывести к пониманию «механики» построения подобных планетарных структур.

Давайте с этой целью снова упростим нашу солнечную систему и ограничим её пока только двумя планетами Меркурием и Венерой, которые вращаются вокруг Солнца. По нашему предположению, Меркурий образован одной моделью ЭСН, а Венера – другой. Мы имеем в условии задачи: первое, две параллельные модели ЭСН, которые нам необходимо объединить в системе; второе, пространственные параметры орбит этих планет, которые мы должны соединить между собой посредством моделирования.

Из данных таблицы 5 видно, что Меркурий отстоит от центра системы на расстоянии приблизительно в $50*10^9$м (мы пока не будем обращать своё внимание на эллиптичность орбит); Венера отстоит от него на точно таком же расстоянии. От Меркурия до Солнца такое же расстояние, как от Меркурия до Венеры. Орбита Венеры уже будет равна удвоенной орбите Меркурия, что соответствует двоичной системе таблицы 5. Точно такая же картина будет и с остальными планетами, т.е. удвоение орбиты можно признать некоторой закономерностью в строении планетарной системы, но, как и откуда она возникает? Откуда вообще возникает это орбитальное расстояние в системе?

В любой модели ЭСН мы имеем центральный квант, объединяющий все, внутренние, четыре малых кванта. Как мы ранее поняли, малые кванты формируют планеты, которые вращаются вокруг некоего центра системы. Действие центрального кванта мы приняли как объединяющее эти планеты в единую систему, но он всё-таки квант, который также должен каким-то образом материализоваться в пространстве системы.

На самом деле, можно предположить, что центральный квант, кроме свойства объединения, и есть та орбитальная закономерность, которая силой его энергии создаёт орбитальное расстояние с необходимыми параметрами. Мы ещё до конца не знаем, что же на самом деле формирует центральный квант?

Параметры центрального кванта: его сила, период, возможно, являются определяющими для формирования этого орбитального расстояния в системе. У нас получается, что орбитальная ЭСН Меркурия должна иметь центральный квант с параметрами, создающими его настоящую орбиту, а орбитальная ЭСН Венеры – её орбиту, которая уже будет удвоенной.

Значит, в этих моделях центральные кванты будут также иметь соответствующее удвоение своих параметров. Две модели ЭСН могут иметь почти одинаковые параметры своих четырёх малых квантов, формирующих сами планеты. Они у нас входят в первую земную группу планет и их параметры не сильно отличаются друг от друга. Центральные кванты этих же ЭСН дают им орбитальные параметры, которые уже формируют орбиты этих планет на разных уровнях, которые могут иметь зависимость от предыдущего и даже последующего планетарного уровня.

Сначала мы предположим, что должны на одну планету, вращающуюся по орбите, работать две разных ЭСН: одна – на формирование планеты; вторая – на её орбитальные параметры. Давайте исследуем это предположение позднее, когда нам станет более понятна цель всех элементов внутри ЭСН, а то мы тут можем запутаться.

Откуда возникают орбитальные параметры?

Мы пришли к возможному пониманию того, что орбитальное расстояние в планетарной системе формируется за счёт параметров центрального кванта модели ЭСН. Количество планет соответствует количеству таких моделей в системе, а вот центральные кванты у них будут иметь различные параметры. Возникает ощущение того, что сама система имеет внутри себя какие-то жёсткие квантованные соотношения между всеми своими элементами, т.е. заранее, имеют некоторую «формулу тела» системы. Её формульная структура не зависит от агрегатного состояния планетарной системы: эти соотношения должны быть очень жёсткими внутри неё.

Сжатие или расширение системы оставляет эти отношения теми же самыми и только тогда, когда наступает ситуация «смерти» или полного разрушения системы, эти отношения, возможно, разрушаются или переходят в некое «третье», точечное нематериальное состояние «Духа».

Здесь мы имеем в виду, что сама система внутри себя каким-то образом может определять параметры центральных квантов моделей и может иметь свою фиксированную форму, как человек, например, имеет форму человека. Сама планетарная система имеет некоторую энергию, благодаря которой она формирует центральные кванты ЭСН и на различных уровнях это будет различная энергия, которая, возможно, распределяется по двоичному закону.

Возникает предположение, что планеты формируются в планетарной системе самой системой. Её структура зависит от энергии внутри системы и, возможно, что она квантованная по уровням. Величина энергии определяет полную структуру системы. Здесь необходимо оговориться: структура системы всегда будет одной и той же, но она может наполняться материей и энергией, пространством и временем последовательно, а не вся сразу. Мы здесь подразумеваем некий эволюционный процесс системы, который и будет определять всё бо́льшую её сложность.

Такая эволюционная закономерность может быть единой для всех существующих планетарных систем. Степень её совершенства будет зависеть только от параметров пространства, времени и количества частиц в системе. Это мы можем доказать, спустившись в пространстве и времени на атомный уровень или просто обратившись к периодической Таблице, элементы которой строго фиксированы и упорядочены, но имеют различные материальные свойства. Предположительно, точно такая же «Таблица периодических элементов» должна существовать на уровне солнечной системы, да и любом другом планетарном уровне. После

Часть 3 Моделирование сложных планетарных систем

такого предположения нам осталось только уложить наши орбитальные расстояния в формулу, но что она нам даст?

Оставим формулы нашим математикам, а сами попытаемся до конца понять «механику» этого процесса соединения этих двух моделей. Возможно, существует некоторая закономерность в их соединении между собой, которую нам ещё предстоит открыть.

Предположим, что первый центральный квант в создаваемой модели солнечной системы формирует планету Меркурий, и раз мы наблюдаем её как пространственную планету, то она должна находиться или, точнее, каким-то образом опираться на пространство системы или даже создавать его, что скорее всего. Система в месте расположения Меркурия должна иметь некую пространственную «площадку» для пространственной «посадки» этой планеты.

Если мы внимательно проанализируем планетарную систему в этом месте, где находится Меркурий, предполагая заранее, что он находится на некой пространственной «площадке», то обнаружим нечто интересное: создаётся такое впечатление, что у нас получается новая циклическая или волновая замкнутая система, новый круговорот: Солнце – Меркурий – Венера – Меркурий – Солнце. Возникает предположительно некий круг вращения энергий между Солнцем и Венерой через пространство Меркурия.

Солнце – это планета времени (t), но вокруг него должно возникнуть пространство, которое мы, возможно, видим и определяем, как солнечную систему. Меркурий – это первая планета пространства. Получается, что Венеру мы в данном случае должны рассматривать также как планету пространства. Но, предположительно, в отношении Меркурия Венера будет для него «отражением» Солнца, как соединённая с ним в зеркальном отражении. Снова мы получаем некий, уже орбитальный круг вращения, объединяющий в себе: центр системы, Меркурий, Венеру – три рядом стоящих орбитальных уровня (рисунок 37).

Рис. 37

Если мы хотим доказать наше предположение относительно центрального кванта модели, который формирует орбиту Меркурия, то нам необходимо представить его таким образом, чтобы показать то, как он формирует орбитальное пространство. Ранее мы представили, как малые кванты модели ЭСН формируют планеты, вращающие вокруг удалённого центра. Теперь нам необходимо точно таким же образом представить, как центральный квант модели формирует орбиту планеты. Попытаемся сделать это на примере планеты Меркурий:

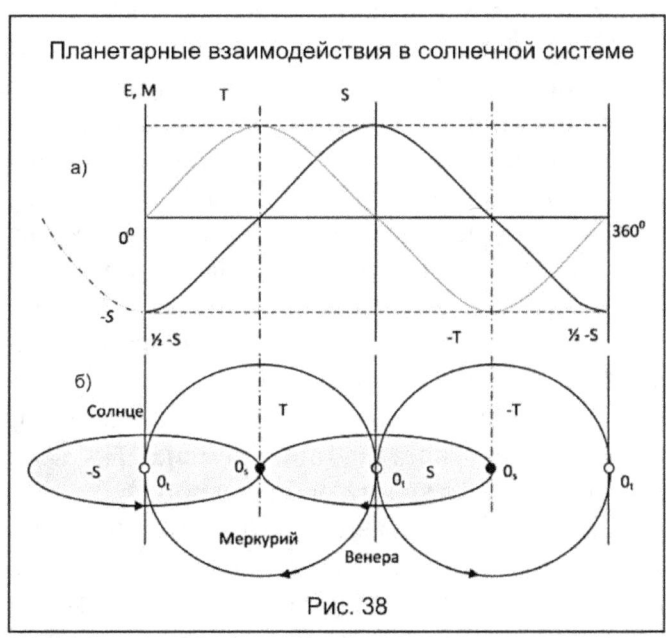

Рис. 38

На рисунке 38 мы попытались соединить центральный квант модели и часть нашей солнечной системы. Конечно, это только попытка понимания её планетарного строения через волновую «механику». Здесь мы видим последовательное развёртывание пространства и времени центрального кванта Меркурия, который очень чётко вписывается в орбитальное строение. Давайте попытаемся описать то, что мы видим на рисунке 38:

Предположим, что в центральном кванте (рисунок 38а) полуволны синусоиды образуют вращения пространства и времени, которые образуют пространства и время уже в материи (рисунок 38б), создавая их в планетарной системе. При помощи этого кванта организовались пространства вокруг Солнца, Венеры и Меркурия, т.к. Солнце и Венера для Меркурия являются, как бы, замкнутыми между собой в точке 0_t. Меркурий будет находиться в точке 0_s, которая является сгущённым пространством и находится на границе двух пространств, о чём мы говорили ранее, определяя настоящее.

Время участвует в соединении пространств между собой и даже связывает (возможно, даже создаёт) орбиту Венеры с пространством Меркурия. Венера, как и Солнце, здесь располагается в точке его нулевого времени 0_t. У нас время соединяет центра двух пространств между собой, как бы, связывая орбиты Меркурия и даже будущей Венеры (он готовит для неё новый орбитальный уровень) с центром системы Солнцем. Это даёт нам возможность предположить точность рисунка 38. Возможно, на этом рисунке нам удалось изобразить волновую структуру центрального кванта, в котором наши планеты оказываются обычными частицами.

Здесь нам всё же становится более понятно, что в системе должна существовать отдельная орбитальная ЭСН для каждой планеты. Она, как мы это сумели понять, не формирует планеты, а только расставляет их по орбитам, формируя или пространства, или времена. Но вернёмся к частицам центрального кванта орбитальной ЭСН.

Вы можете представить себе, что планета Земля является обычной частицей центрального кванта? А теперь представьте себе, что все планеты солнечной системы — это такие же частицы. Что собой представляет Солнце в этом плане? Оно – это тоже частица или их источник формирования?

Не будем торопиться с ответами и пойдём в своих исследованиях далее. Давайте теперь перенесём рисунок 38 на планету Венера и посмотрим, что в этом случае мы можем иметь (рисунок 39). Центральный квант Венеры почти ничем

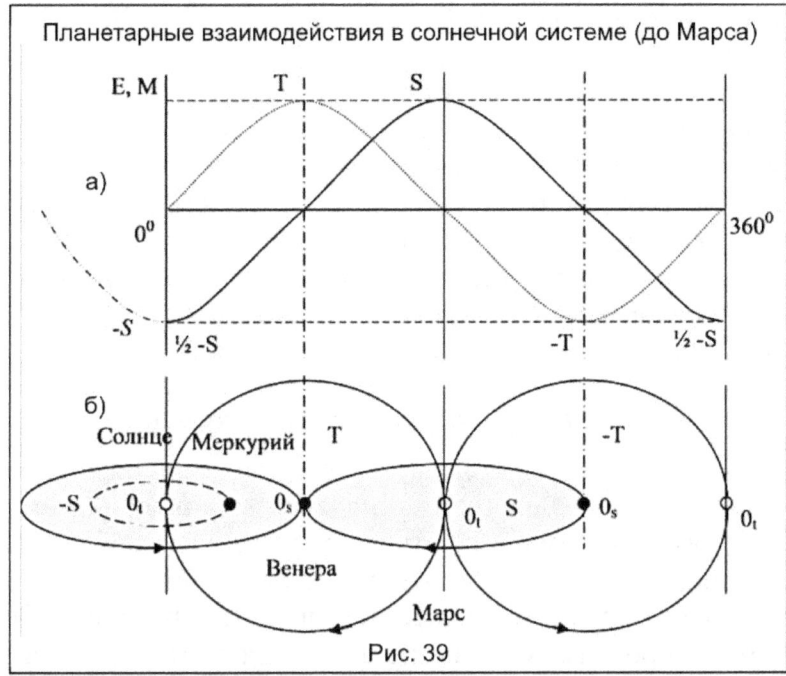

Рис. 39

не будет отличаться от центрального кванта Меркурия, только его орбитальные параметры будут в два раза увеличены. Теперь Меркурий оказывается «привязанным» к пространству Венеры и вращается по орбите уже, находящейся внутри её пространства. Новая планета Марс, появившаяся на рисунке 39, связана с планетой Венерой временем, и он является для Венеры тем же, чем являлась Венера для Меркурия – 0_t. Здесь мы получаем следующий квантованный уровень, вернее готовим его.

Эту модель ЭСН можно было бы назвать «орбитальной» моделью, которая формирует орбитальное пространство и время, в данном случае, Меркурия и Венеры. Меркурий теперь оказывается внутри пространства Венеры, а общее их пространство выросло, причём, плотность пространства к центру системы должно возрастать, что у нас и происходит.

Если мы перенесём все наши предположения и выводы по ним из Пространства во Время системы, то получим аналогичную картину в геоцентрической системе Птолемея, которая будет зеркально отображена пространству, только

Часть 3 Моделирование сложных планетарных систем

центром системы Времени будет являться планета Земля, а не Солнце.

Мы не можем утверждать, что эта модель орбитальных пространств точная и правильная, но она очень точно подвержена удвоению орбит планет в системе и созданию её единого пространства посредством двоичного квантования орбит. Для того, чтобы понять и доказать её правильность нам необходимо разобраться во внутреннем энергетическом обмене планетарной системы, которая подтвердит или опровергнет наши предположения.

Новый круговорот «пяти» колец

Исследования в моделировании планетарной системы, тождественной солнечной системе, привело нас к возможному пониманию структурирования орбитальных расстояний в этой системе и к той закономерности, которая даёт нам возможность понять это двоичное распределение планет по орбитам. Оно подтвердило нам, что количество ЭСН в планетарной системе соответствует количеству планет в ней. Они же и определяют для планет соответствующие места в структуре орбит планетарной системы. Нам удалось понять, что главным в этом структурировании орбитальных расстояний являются центральные кванты этих моделей ЭСН.

Моделирование сложной планетарной системы становится у нас всё более точным, но мы пока ограничиваемся только пространством солнечной системы, в котором можем провести сравнительный анализ полученной модели и тех данных, которые мы сегодня о ней имеем. Можно было бы уже определённо сказать, что такая модель найдена и состоит из множества

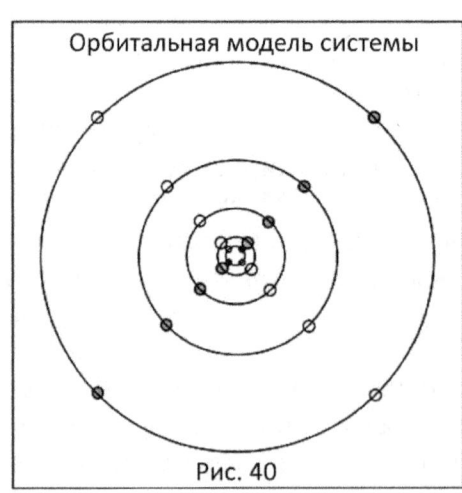
Рис. 40

ЭСН, соединённых вместе (рисунок 40). Они формируют как сами планеты, так и параметры их орбит в системе. На этом рисунке показано, как формируются орбитальные расстояния в планетарной системе при сложении моделей ЭСН.

Конечно, это орбитальная модель из множества ЭСН ещё до конца не построена. Все ЭСН должно нечто связывать в единую систему. А пока на рисунке 40 мы этого орбитального связующего звена системы, кроме её центра системы, не видим. Нам его ещё предстоит отыскать. Тем более, что мы выстроили все планеты по одной линии, но это может быть верным и не верным, потому что нам ещё не известен сам принцип расположения планет на своих орбитах в планетарной системе. Оставим его пока таким, каким он есть, и предположим, что рисунок 40, всё же, верно описывает нам это расположение планет в пространстве системы на своих орбитах.

Нас сейчас очень сильно заинтересовала разница в строении самих планет в солнечной системе: четыре первые планеты принадлежат к планетам земной группы Меркурий, Венера, Марс и Фаэтон, который потерпел катастрофу; ко второй группе планет с другими свойствами, отличными от планет земной группы, принадлежат Юпитер, Сатурн, Уран, Нептун. Плутон, принадлежащий по своим свойствам к планетам земной группы, каким-то образом оказался на самом краю нашей солнечной системы, 9-ой по счёту планетой, хотя учёные его ей не считают. Но он почему-то чётко вписался в следующую четвёрку планет, которые снова должны соответствовать земной группе. Он им и соответствует и вполне может претендовать на 9-ую планету, но его современные орбитальные параметры сильно искажены. Видимо, с ним произошла катастрофа, которая изменила их.

Главное различие в группах планет состоит в том, что планеты земной группы имеют среднюю плотность значительно больше плотности воды, а следующие за ними четыре планеты группы Юпитера имеют среднюю плотность сравнимой с плотностью воды? Но не из воды же они сделаны!

Почему возникли такие серьёзные различия в строении групп планет солнечной системы, которые по нашему

Часть 3 Моделирование сложных планетарных систем

предположению формируются при помощи сложения одинаковых по строению моделей ЭСН? Откуда возникает эта разница во внутренних структурах планет двух этих групп Земли и Юпитера?

При нашем предполагаемом моделировании мы должны получить практически все планеты с одинаковым строением и, естественно, одинаковой средней плотностью. Но почему тогда они у нас разделились по этому параметру на две группы по четыре планеты в каждой (всего мы подразумеваем четыре группы планет). Это нас наталкивает ещё на одно серьёзное предположение: такое групповое строение планетарной системы вполне может иметь место и подвергаться квантованию, как всё в этом мире.

Теперь нам необходимо понять, откуда и почему оно возникает в солнечной системе, чтобы затем перенести это в её модель и, естественно, на любой другой планетарный уровень вселенной?

Теперь в условии новой задачи мы имеем:
- четыре планеты группы Земли (Меркурий, Венера, Марс, Фаэтон);
- четыре планеты группы Юпитера (Юпитер, Сатурн, Уран, Нептун);
- одна планета, вероятно новой, второй земной группы – Плутон, но она остаётся пока у нас под вопросом.

Нам осталось теперь понять, откуда возникает эта различная закономерность в строении планет в группах, если она вообще имеет право на существование?

Мы должны рассмотреть это предположение о групповом орбитальном строение системы и попытаться это выяснить. Первое, что напрашивается в наших размышлениях, это то, что число четыре может соответствовать фазам малого кванта, а значит, возникает предположение, что группы могут быть также образованы малыми квантами, соответствующими своему сектору центрального кванта ЭСН, только какой? Тогда, действительно, может получиться, что таких групп, как и секторов в кванте, должно быть также четыре. Они должны составить для нас некую новую «орбитальную» модель планетарной системы, на которую, как на нитку, будут насажены все планеты.

Предположительно, такая конструкция модели может выглядеть так, как изображена на рисунке 41. Конечно, в ней трудно угадать, что это модель распределения орбит в планетарной системе, но при ближайшем рассмотрении она расскажет нам много интересного.

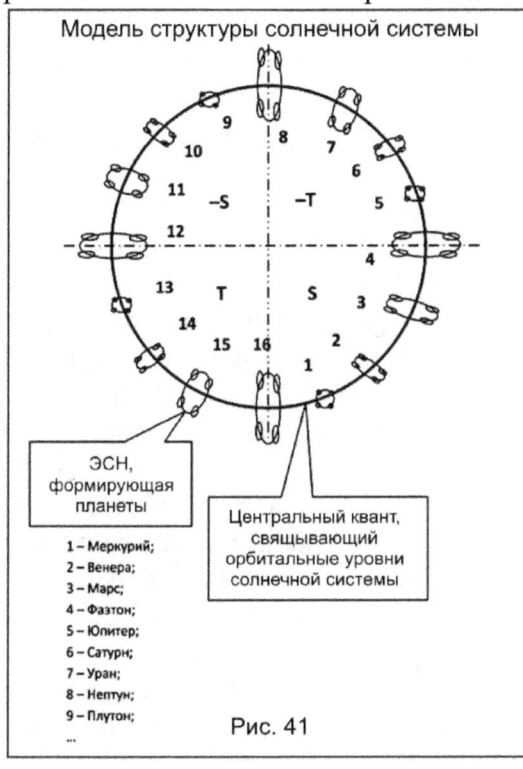

Рис. 41

Мы видим на рисунке 41 центральный квант, который распределяет орбитальное «пространство» по всей системе и оказывается замкнутым. Точно так же он может оказаться разомкнутым, но пока в нашем моделировании разомкнутые кванты пока ещё не встречались. Давайте рассмотрим его действие более подробно.

Центральный квант рисунка 41 образует уровни в планетарной системе для малых орбитальных ЭСН, которые могут быть как квантами пространства, так и времени. Это разделение протяжённости орбитального пространства на пространство и время даёт нам такое же разбиение планет на группы по их свойствам, которые уже зависят от малых ЭСН пространства или времени.

В каждом секторе центрального кванта возникают группы из четырёх планет по их свойствам, зависящим от пространства или времени. Внутри каждого из четырёх секторов центрального кванта мы видим существование четырёх моделей малых ЭСН, которые, как раз, образуют сами планеты, как мы предполагали ранее.

Мы установили, что орбитальное расстояние в планетарной системе удваивается, а на нашем рисунке 41 планеты располагаются равномерно. Но здесь обозначена только фаза состояния орбиты планеты в центральном кванте, а не её орбитальное расстояние. Наше предположение состоит в том, что фазовые расстояния между планетами должны быть одинаковыми, а орбитальные расстояния по отношению к этим фазам будут иметь некоторую закономерность удвоения. Почему так происходит с орбитами планет и их фазами, нам пока остаётся только гадать.

Кроме этого в «орбитальной» модели планетарной системы мы видим возможное существование шестнадцати орбитальных уровней, а не девяти планет, какие мы знаем сегодня. Можно предположить, что «орбитальная» модель рисунка 41 соответствует максимально возможной структуре планетарной системы с шестнадцатью уровнями орбит, но их заполнение может быть и другим, но не более этой возможности.

Замкнутость центрального кванта «орбитальной» модели говорит нам о том, что граница бесконечности планетарной системы и её центральная точка оказываются замкнутыми между собой, что довольно интересно для нашего исследования! Действительно ли это так?

Давайте снова переведём свой взгляд на солнечную систему и на нашу первую земную группу планет, которые мы отнесём к пространственному сектору центрального кванта «орбитальной» модели ЭСН. Вторую группу планет с другими свойствами можно уже будет отнести к его сектору времени. Тогда можно уже говорить о том, что свойства планет в этих группах будут действительно разными и зависеть от фазы сектора центрального кванта.

Для того чтобы лучше понять действие нашей «орбитальной» модели давайте рассмотрим рисунок 42, на котором мы попытались изобразить «орбитальную» модель в развёрнутом последовательном виде. На нём мы, как бы, её «разорвали» и развернули в линию, сделав последовательной и расположив на ней планеты солнечной системы. Конечно,

Глава III. Моделирование сложных планетарных систем

на рисунке 42 нам не удалось соблюсти точность масштаба и привели его к двоичной прогрессии. Это для нас не так важно, нам главное уловить групповое разделение свойств в группах планет.

На рисунке 42 чётко просматриваются две группы планет, привязанных уже к своим секторам центрального кванта «орбитальной» модели ЭСН. На ней мы получили последовательные сектора пространства и времени, в которых соответственно расположились группы планет по их свойствам.

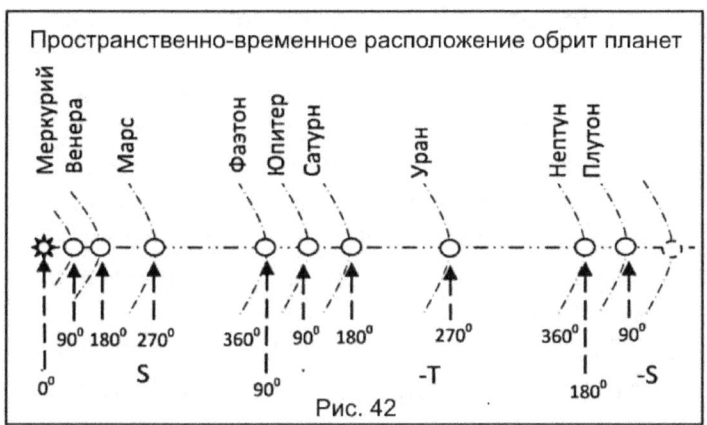

Рис. 42

В секторе пространства S мы видим первую группу планет со свойствами Земли (сама эта планета, как мы предположили ранее, не входит в солнечную систему). Причём, каждая планета в группе, как и сами группы, соответствует своей фазе состояния в пространстве системы. Мы расположили планеты группы Земли в секторе пространства +S центрального кванта и для них весь этот сектор стал равным 360^0, а сами планеты теперь располагаются через 90^0. Конечно, это только предположение, но цикличность в группе планет вполне может иметь место. Таким образом, мы получаем малый орбитальный квант, который расставляет орбиты в своей группе, но его свойства зависят от начальной фазы в центральном кванте.

Далее за группой планет Земли, следует сектор орбитального времени -T, в котором расположились планеты второй группы «во главе» с Юпитером. Они так же занимают места в соответствии со своей начальной фазой состояния в «орбитальной» модели. В каждой группе планет, в каждом малом кванте «орбитальной» модели мы получаем, как бы, «змею, кусающую свой хвост», т.е. орбитальное расстояние зависит от начальной фазы кванта, и чем она больше, тем больше это расстояние.

Получается, что центральный квант «орбитальной» модели только расставляет группы планет в системе, а уже внутри него малые кванты в своём секторе центрального кванта расставляют орбиты в своей группе планет. Получается, что рисунок 41 не в полной мере отражает наше предположение по орбитальным структурам планетарной системы.

Мы предположили на рисунке 42, что границы пространства и времени располагаются на фазах 360^0 малых квантов или фазе кратной 90^0 центрального кванта. В этой точке происходит смена начальной фазы в группе малого кванта, где она сдвигается на фазу 90^0. При такой смене фазы пространство предыдущей группы становится временем в новой группе и наоборот.

Давайте приведём описание планет по группам:
- Планеты первой группы значительно меньше планет-гигантов; их средняя плотность значительно больше плотности воды; они окружены сравнительно разряженными атмосферами; спутников у них мало или совсем нет;
- Планеты второй группы имеют среднюю плотность, близкую к плотности воды; они окружены толстыми облачными атмосферами, совершенно скрывающими от нас их поверхность, и быстро вращаются вокруг своей оси; имеют много спутников.

Из этого описания напрашивается очень интересный вывод: планеты второй группы очень точно соответствуют описанию планет времени, которые мы можем видеть в нашем пространстве только за счёт их атмосферы, которая закрывает нам их внутренности.

Только планеты времени в бóльшем пространстве могут быть такими «раздутыми». Это говорит нам о том, что, возможно, эти планеты внутри пустотелые и поэтому они стали гигантами. Из-за своей пустотелости, они могут очень быстро вращаться вокруг своей оси. Их свойства сильно отличаются от более сжатых планет земной группы. Например, Юпитер – самая большая из всех планет второй группы, вращается вокруг своей оси всего за 10 часов! Толстая атмосфера таких планет является, возможно, внутренней поверхностью, а их истинные «небеса», как в геоцентрической системе Птолемея, находятся внутри планет. Конечно, это только предположение, но оно очень чётко вписывается и стыкуется с данными о планетах и с «механикой» нашей модели.

Планета Плутон по своим свойствам подходит к планетам земной группы. Здесь, в отношении этой планеты возникает предположение, что она должна располагаться совсем на другой орбите, которая уже будет относиться к новой пространственной группе планет. Если ранее мы её определяли, как «пришельца» из другой системы, то сейчас можно предположить, что она принадлежит нашей системе, но должна располагаться на орбите принадлежащей третьей группе планет и равной приблизительно $128*10^{11}$м. Вероятно, орбита этой планеты в своё время стала, под действием некоего внешнего возмущения, сильно эллиптической и, возможно, что она, пересекая орбиту Нептуна, «столкнулась» с ним и осталась на его орбите, подвинув Нептун ниже, потому что он мог оказаться значительно легче её.

Возможно, точно такая же участь постигла планету Фаэтон. В древней Греции есть легенда о Фаэтоне сыне Солнца, который сильно приблизился к Отцу, от энергии которого он загорелся и сам стал вторым солнцем в солнечной системе. Он непроизвольно стал угрожать Земле уничтожением её своим огнём. Фаэтон мог, действительно, иметь сильно вытянутую эллиптическую орбиту, благодаря которой он близко подошёл сначала к Солнцу, от энергии которого материя этой планеты превратилась в плазму и стала плазменной огненной «жидкостью», новым солнцем, а далее она стала приближаться к Земля. Для защиты Земли Фаэтон пришлось кому-то уничтожить. Тогда она и превратилась в пояс астероидов.

Рисунок 42, конечно, требует более тщательного исследования, потому что мы указали границы пространства и времени по орбитам планет, но они могут и отличаться от нашего предположения. Здесь мы не можем пока указать точно линии смены пространства и времени. Для нас главное было понять, что даже орбитальные расстояния формируются при помощи волновой квантовой механики.

Эту орбитальную модель ЭСН нам удалось сделать только потому, что наши предположения относительно волновых свойств в распределении орбит между планетами является очень интересным. Вся наша солнечная система – это сплошная квантовая волновая механика: она вся состоит из квантов, но не Света, а Материи.

Единая модель

Теперь, когда нам удалось более точное моделирование планетарной системы благодаря рисунку 42, мы можем предположить новую модель, которая как нам кажется, станет полной моделью планетарной системы, соединяющая в себе все отдельные ЭСН. Её можно будет назвать «единой» планетарной моделью солнечной системы. Такая модель показана на рисунке 43. Она уже более точно отражает структуру сложной планетарной системы. Принцип её действия мы уже описали ранее, но повторим её главные принципы:

— центральный квант модели организует пространство и время планетарной системы;
— малые кванты модели организуют орбитальные расстояния внутри своего сектора центрального кванта в его пространстве или во времени;
— внутренние модели малых квантов формируют планеты на орбитах системы.

Эта «единая» модель даёт нам более точное описание структуры планетарной системы, которая уже способна не только структурно показывать планеты, но и привязать их к своему орбитальному уровню.

Мы можем косвенно проверить некоторые параметры планетарной системы и полученной нами модели. Ранее, мы определяли границу бесконечности солнечной системы исходя из величины радиуса Земли, умножая его на величину

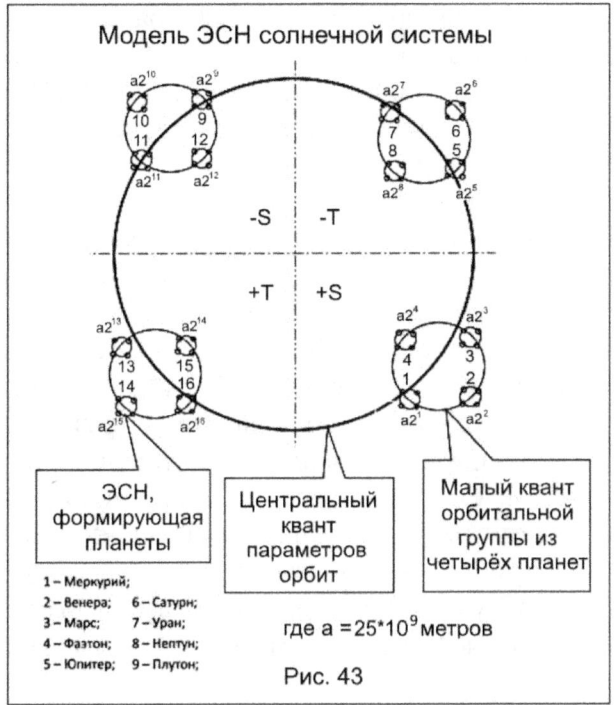

Рис. 43

скорости света – С. Сейчас мы получили орбитальные расстояния в солнечной системе посредством «единой» модели и последнее орбитальное расстояние будет равно $2^{16}*25*10^9$м, если мы правильно указали количество орбит. Оно должно соответствовать тем же параметрам границы солнечной системы, вычисленной нами ранее. Давайте проверим наше предположение, сопоставив значение возможной орбиты последней планеты модели и границы солнечной системы, вычисленное другим путём:

Итак, Плутон, как мы предположили ранее, должен был бы иметь орбиту – $128*10^{11}$м. Это первая планета третьей группы и эта группа должна закончить свои орбиты на расстоянии – $1024*10^{11}$м (360^0). Если мы предположим, что должна существовать ещё одна, четвёртая группа планет времени, то мы тогда получим орбитальную границу её последней планеты равной по нашему предположению – $16384*10^{11}$м. Тогда граница солнечной системы оказывается по этим орбитальным вычислениям в «единой» модели равной приблизительно – $16,4*10^{14}$м.

Часть 3 Моделирование сложных планетарных систем

Если мы теперь вычислим границу солнечной системы другим способом, то в этом случае будем иметь следующее: радиус Земли равен 6378 км ($6,4*10^6$м), то граница системы должна располагаться в С ($3*10^8$) раз дальше. В этом случае мы получаем:

$$6,4*10^6 \text{м} \times 3*10^8 = 19,2*10^{14}\text{м}$$

мы получили два числа расстояния до последней орбиты в системе и до границы солнечной системы: в первом случае – $16,4*10^{14}$м, во втором случае – $19,2*10^{14}$м. Как мы видим они, по космическим масштабам, между собой отличаются очень мало и практически их можно с большой уверенностью назвать тождественными. Это лишний раз доказывает правильность наших глобальных предположений о возможности иметь четыре группы планет внутри планетарной системы (шестнадцать орбитальных уровней).

Конечно, нам трудно утверждать или, наоборот, не утверждать, что существуют другие планеты выше орбиты Плутона, которые могут быть нам пока ещё не известными и ещё не открытыми.

Если подвести итог моделирования планетарной системы подобно солнечной системе, то уже можно с уверенностью сказать, что «единая» модель, изображённая на рисунке 43, соответствует её структуре полностью и даже указывает на дополнительные возможности системы. Упаковать эту модель в формулу уже не представляет большого труда.

Мы рассмотрели моделирование на примере гелиоцентрической «единой» модели, соответствующую той пространственной солнечной системе, которую мы можем наблюдать. Но существует ещё геоцентрическая планетарная система, описанная Птолемеем, которая соответствует Времени. Так что «единая» модель, названная нами, является ли действительно единой для планетарной системы или она только соответствует Пространству?

Если ещё раз внимательно посмотреть на рисунок 43, то на нём в малых квантах мы наблюдаем внутренние модели ЭСН, образующие планеты, которые мы описывали ранее. Эта «единая» модель действительно может быть полной для планетарной системы Пространства. Но даже модель рисунка 43 может находиться в ещё некой бо́льшей плоскости некоего бо́льшего Пространства или Времени и таких моделей может возникнуть четыре типа, которые составят некую бо́льшую «единую» модель и так до бесконечности.

Сколько ещё тайн может хранить в себе элементарная структура Нави?

Литература:

1. «Час Бога. Йога и её цели. Мать. Мысли и озарения». Шри Ауробиндо. 1991 г.
2. Журнал «Наука и жизнь» № 6, 1989 г., ст. «Этот трёхмерный, объёмный мир», В. Лишевский.
3. «Шри Ауробиндо или путешествие сознания», Сатпрем, 1993 г., издание 2е, исправленное и дополненное;
4. «Интегральный взгляд на эволюцию человека», Гениван, 2008 г.
5. «Энциклопедический словарь юного физика», сост. В. А. Чуянов, 1984 г.;
6. «Энциклопедический словарь юного химика», сост. В. А. Крицман, В. В. Станцо, 1982 г.;
7. «Тайная доктрина, т. 2» Е.П. Блаватская, 2001 г.

www.ingramcontent.com/pod-product-compliance
Lightning Source LLC
Chambersburg PA
CBHW050204230526
45470CB00001B/231